Rosemarie Schneidewind

Grundwissen Buchführung
-Industrie

Organisation und Konten / Steuern und Bewertung / Jahresabschluss

Herausgegeben in Zusammenarbeit mit dem FORUM Berufsbildung

Verlagsredaktion: Erich Schmidt-Dransfeld, Andrea Dietrich-Bijou
Technische Umsetzung: TypeArt, Grevenbroich
Umschlaggestaltung: Gabriele Matzenauer, Berlin
Titelfoto: Michael Miethe, Berlin

Informationen über Cornelsen Fachbücher und Zusatzangebote:
www.cornelsen.de/berufskompetenz

1. Auflage
© 2008 Cornelsen Verlag Scriptor GmbH & Co. KG, Berlin

Druck: Druckhaus Thomas Müntzer, Bad Langensalza

ISBN 978-3-589-23745-6

Inhalt gedruckt auf säurefreiem Papier
aus nachhaltiger Forstwirtschaft.

Vorwort

Sie möchten die Grundlagen der Buchführung wiederholen, beispielsweise bei der Vorbereitung einer Prüfung in Ausbildung, Umschulung oder Fortbildung? Oder Sie möchten sich als Praktiker ins Rechnungswesen einarbeiten?

In beiden Fällen haben Sie vermutlich wenig Zeit, müssen aber doch so weit kommen, dass Sie alle wesentlichen Buchungsvorgänge richtig vornehmen können. Ob in Prüfungen oder in der Praxis – die typische Anforderung besteht darin, einen Geschäftsvorfall in der Buchführung abzubilden.

Damit Ihnen dies sicher gelingt, bietet Ihnen dieses Buch zweierlei:

Erstens hilft es Ihnen beim Verständnis des oft als schwierig empfundenen Faches. Dazu werden eingangs die Kernbegriffe zusammengestellt und erläutert sowie die Prinzipien verständlich gemacht. Das schließt die Gründzüge der Organisation der Buchhaltung ein.

Zweitens lernen Sie alle wesentlichen Buchungsvorgänge kennen, was beim Überblick über die Konten beginnt und die Themen Steuern, Bewertung und Jahresabschluss umfasst. In einem weiteren Kapitel werden besondere Buchungsvorgänge (wie beispielsweise Personalkosten und Anzahlungen) zusammengefasst. In diesem zweiten Teil des Bandes finden Sie 15 handfeste und teils komplexere Übungsaufgaben, zu denen im Anhang ausführliche Lösungen angeboten werden.

Das gewählte Vorgehen hat sich im Unterricht der Autorin ausgesprochen gut bewährt und einer großen Anzahl von Absolventen zu ihrem erfolgreichen Abschluss verholfen. Damit Sie überprüfen können, ob Sie den Stoff verstanden haben, finden sich in jedem Kapitel neben den Übungen auch noch Aufgaben zur Selbstkontrolle.

Abschließend ein Hinweis: In der vorliegenden Ausgabe des Werkes wird – deshalb im Untertitel des Buches die Angabe „Industrie" – der Industriekontenrahmen (IKR) zugrunde gelegt, der in den industriebezogenen Berufen, in zahlreichen beruflichen Vollzeitschulen und vielfach auch in Fortbildung und Studium verwendet wird. Für Leser/innen aus Handelsberufen wird es eine andere Ausgabe des Werkes mit einem dort passenden Kontenrahmen geben.

Und nun wünschen Ihnen Autorin und Verlag viel Erfolg beim Durcharbeiten und allen, die vor einer Prüfung stehen, ein gutes Gelingen!

Inhaltsverzeichnis

1 Einführung

Bereits im frühen 16. Jahrhundert wurden in Deutschland Bücher geführt und Abschlüsse erstellt. Die Buchführungspflicht wurde 1861 im Allgemeinen Deutschen Handelsgesetzbuch festgehalten und entwickelte sich dadurch zu einem Gläubigerschutzinstrument. Mit Hilfe der in den Büchern bereitgestellten Informationen sollte der Kaufmann seine Geschäfte besser führen und seine Abgaben an den Staat berechnen können.

Die Buchführung ist Teil des betrieblichen Rechnungswesens und stellt die systematische Aufzeichnung aller Geschäftsvorfälle in Zahlen, auch Daten genannt, dar.

1.1 Aufgaben des Rechnungswesens

Das betriebliche Rechnungswesen besteht aus der Finanzbuchhaltung, der Betriebsbuchhaltung (Kostenrechnung), der Statistik, der Planungsrechnung und dem Controlling. Die Finanzbuchhaltung basiert auf gesetzlichen Vorschriften, und jeder Kaufmann ist dazu verpflichtet, sie zu führen. Sie ist nach außen gerichtet und wird dem Finanzamt und den Banken vorgelegt. Kapitalgesellschaften sind verpflichtet, ihre Bilanzen zu veröffentlichen. Die anderen Teile des betrieblichen Rechnungswesens sind grundsätzlich nach innen gerichtet; für sie gibt es keine gesetzlichen Vorschriften. Ein Unternehmen, das beispielsweise eine Kostenrechnung erstellt bzw. sich mit dem Controlling befasst, tut dies grundsätzlich freiwillig, d.h. es ist gesetzlich nicht dazu verpflichtet.

Die Finanzbuchhaltung wird doppelt gebucht und durch die Bilanz und die Gewinn- und Verlustrechnung dokumentiert. In der Buchhaltung wird von Aufwendungen und Erträgen gesprochen. Bei diesen Positionen spielt es keine Rolle, ob sie betriebsbedingt oder periodengerecht bzw. ob sie neutral sind. Jeder Aufwand mindert den Gewinn und jeder Ertrag erhöht ihn. In der Bilanz werden die Bestände des Betriebes in Form von Vermögen und Schulden erfasst.

In der Betriebsbuchhaltung (Kostenrechnung) werden die Aufwendungen und Erträge in Kosten und Leistungen umgewandelt. Nur die betriebsbedingten, periodengerechten, normalen Aufwendungen und Erträge werden weiter verarbeitet. Die Kostenrechnung bildet die Grundlage für die Kalkulation, und die Kalkulation ist wiederum die Grundlage für die Erlöse, die sich in der Buchhaltung widerspiegeln.

Merke

1. Die Finanzbuchhaltung wird anhand gesetzlicher Vorschriften erstellt und ist nach außen gerichtet.

2. Die Betriebsbuchhaltung wird freiwillig erstellt und ist nach innen gerichtet.

3. In der Finanzbuchhaltung wird mit Aufwendungen und Erträgen, mit Vermögen und Schulden gearbeitet.

4. Die Betriebsbuchhaltung arbeitet mit Kosten und Leistungen.

5. Alle Kosten sind Aufwendungen, aber nicht alle Aufwendungen sind Kosten.

6. Alle Leistungen sind Erträge, aber nicht alle Erträge sind Leistungen.

1.2 Buchführungspflicht

Die Buchführungspflicht ergibt sich aus dem Steuerrecht und dem Handelsrecht (HGB). Das Handelsrecht schreibt in § 238 HGB allen (Ist-) Kaufleuten vor, Bücher zu führen. Ein Istkaufmann ist nach Handelsrecht derjenige, dessen Firma im Handelsregister eingetragen ist. Das Handelsregister wird beim Amtsgericht geführt und besteht aus zwei Abteilungen. Abteilung A enthält Eintragungen der Personengesellschaften und der Einzelkaufleute, die sich freiwillig eintragen lassen, und Abteilung B enthält die Eintragungen der Kapitalgesellschaften.

Gemäß Steuerrecht ist zur Buchführung verpflichtet, wer auch nach anderen Gesetzen dazu verpflichtet ist. Diese Regelung befindet sich in § 140 Abgabenordnung. Das bedeutet, wer nach Handelsrecht zur Buchführung verpflichtet ist, ist dies immer auch steuerrechtlich. Das Steuerrecht verpflichtet auch Nichtkaufleute zur Buchführung, nämlich wenn sie entweder einen Jahresumsatz von mehr als 500.000,00 € oder einen Jahresgewinn von mehr als 30.000,00 € erreichen.

Wer nun Kaufmann im Sinne des Handelsrechts ist und dadurch zur doppelten Buchführung verpflichtet ist, hat eine Reihe von Vorschriften zu beachten.

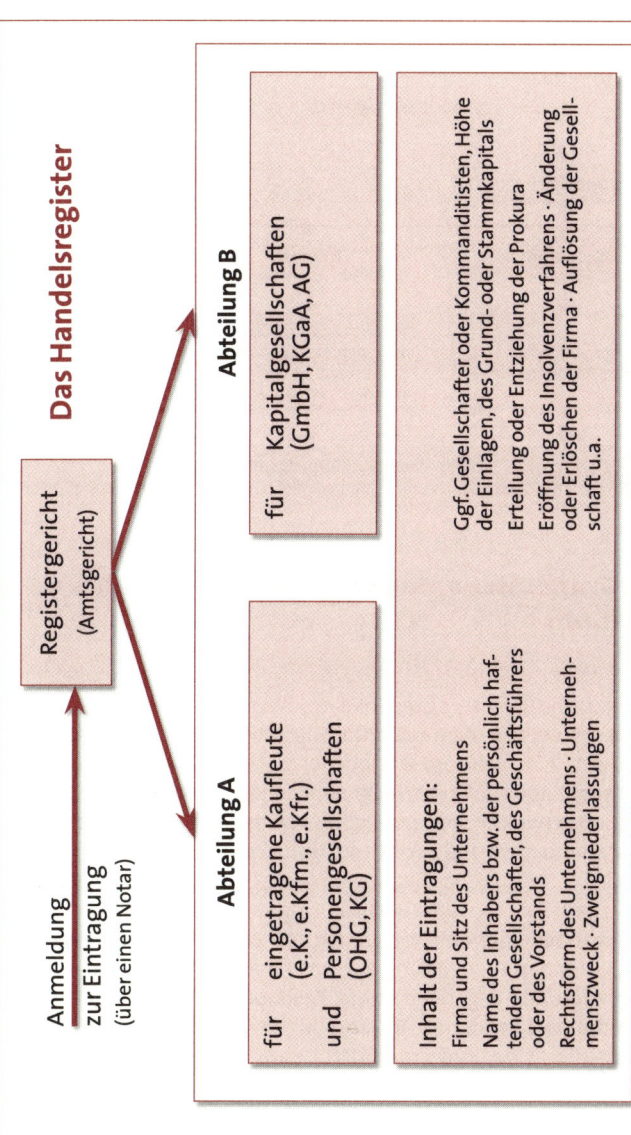

Abb. 1.1: Die Abteilungen des Handelsregisters

Das Handelsregister

Anmeldung zur Eintragung (über einen Notar)

Registergericht (Amtsgericht)

Abteilung A

für eingetragene Kaufleute (e.K., e.Kfm., e.Kfr.)

und Personengesellschaften (OHG, KG)

Inhalt der Eintragungen:
Firma und Sitz des Unternehmens
Name des Inhabers bzw. der persönlich haftenden Gesellschafter, des Geschäftsführers oder des Vorstands
Rechtsform des Unternehmens · Unternehmenszweck · Zweigniederlassungen

Abteilung B

für Kapitalgesellschaften (GmbH, KGaA, AG)

Ggf. Gesellschafter oder Kommanditisten, Höhe der Einlagen, des Grund- oder Stammkapitals
Erteilung oder Entziehung der Prokura
Eröffnung des Insolvenzverfahrens · Änderung oder Erlöschen der Firma · Auflösung der Gesellschaft u.a.

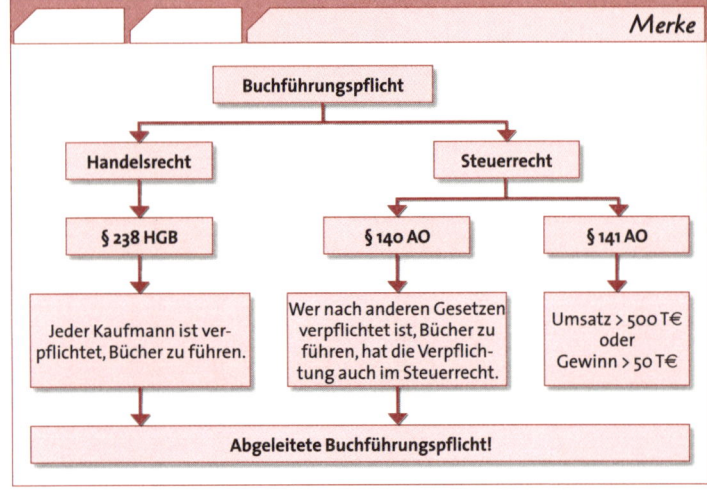

1.3 Grundsätze ordnungsgemäßer Buchführung (GoB)

Die Grundsätze ordnungsgemäßer Buchführung sind allgemein anerkannte Regeln zur Führung der Bücher sowie zur Erstellung des Jahresabschlusses, die von allen Buchführungspflichtigen einzuhalten sind. Die GoB sind eine Art ungeschriebenes Gesetz, d.h. sie sind weder im Handelsrecht noch im Steuerrecht näher definiert. Aber da die Gesetze auf die GoB verweisen, gelten diese als zwingende Rechtssätze, die diese Gesetze ergänzen und auch Gesetzeslücken füllen.

Die Generalklausel der Bilanzierung ergibt sich aus § 238 HGB. Gemäß zweitem Satz muss die Buchführung so beschaffen sein, dass sich ein sachverständiger Dritter (z.B. Betriebsprüfer) in einer angemessenen Zeit in der Buchhaltung zurecht finden kann. Aufzeichnungen und die zugrunde liegenden Briefe, Rechnungen und Belege müssen aufgrund ihrer Beweiskraft 10 Jahre aufbewahrt werden. Die Aufbewahrungspflicht beginnt grundsätzlich am ersten Tag des neuen Geschäftsjahres, dies ist in der Regel der 01.01. eines Jahres.

Zu den Grundsätzen ordnungsgemäßer Buchführung gehören die Bücher und Karteien, in denen die Geschäftsfälle zweifach einzutragen sind. Die Eintragungen dürfen nicht mit Bleistift vorgenommen und nicht gelöscht oder verbessert werden. Die Buchführung muss in der Inlandswährung und Inlandssprache erstellt werden. Nur eine ordnungsgemäße Buchführung hat Beweiskraft vor Gericht oder vor der Finanzbehörde. Ordnungsgemäße Buchführung heißt, dass die gesetzlichen Vorschriften, insbesondere diejenigen des Handels- und des Steuerrechts, eingehalten werden. So muss die Schlussbilanz grundsätzlich identisch mit der Eröffnungsbilanz des Folgejahres sein (Bilanzidentität). Außerdem muss alle 12 Monate eine Jahresbilanz erstellt werden (Bilanzkontinuität). Sämtliche Buchungen müssen der Wahrheit entsprechen (Bilanzwahrheit) und müssen so gegliedert sein, dass Vergleiche mit der Vorjahresbilanz (Bilanzklarheit) möglich sind.

Zur ordnungsgemäßen Buchführung gehört auch die turnusmäßige Erfassung sämtlicher Vermögenswerte im Inventar, die Aufzeichnung sämtlicher Einnahmen und Ausgaben und ihre Erfassung in der Gewinn- und Verlustrechnung (GuV) sowie die Gegenüberstellung von Vermögen und Schulden in der Bilanz, verändert durch Gewinn oder Verlust, Entnahmen und Einlagen. Hierzu benötigt man Konten, Bücher, Belege und übersichtliche Aufstellungen.

Merke

Zu den Grundsätzen ordnungsgemäßer Buchführung gehören:

1. die Generalklausel der Buchführung,

2. die Aufbewahrungsfristen,

3. die Aufzeichnungen in Inlandssprache und Inlandswährung,

4. die doppelte Aufzeichnungspflicht,

5. die Bilanzidentität,

6. die Bilanzkontinuität,

7. die Bilanzwahrheit,

8. die Bilanzklarheit,

9. die Vorschriften über Streichungen und Stornierungen und

10. die Durchführung einer jährlichen Inventur.

1.4 Doppelte Buchführung – Einfache Buchführung

Wer als Kaufmann im Handelsregister eingetragen ist, verpflichtet sich, eine doppelte Buchführung zu erstellen. Bei allen anderen Selbständigen reicht eine einfache Buchführung, es sei denn, sie sind nach § 141 AO zur doppelten Buchführung verpflichtet.

1.4.1 Doppelte Buchführung

Unter doppelter Buchführung wird die doppelte Gewinnermittlung verstanden. Der Gewinn wird einmal durch die Gewinn- und Verlustrechnung und zum anderen durch den Betriebsvermögensvergleich nach § 4 Absatz 1 EStG ermittelt. Ein Betriebsvermögensvergleich geht vom Betriebsvermögen (Eigenkapital) zum Ende des Geschäftsjahres minus des Betriebsvermögens zu Beginn des Geschäftsjahres aus, bereinigt durch Privatentnahmen und Privateinlagen:

		Beispiel
EK am 31.12.20xx	200.000,00 €	
– EK am 01.01.20xx	140.000,00 €	
Zwischensumme	60.000,00 €	
+ Privatentnahmen	40.000,00 €	
– Privateinlagen	10.000,00 €	
= Gewinn	90.000,00 €	

Dieser Gewinn von 90.000,00 € muss auch in der GuV ausgewiesen sein.

1.4.2 Einfache Buchführung

Wer nicht als Istkaufmann gilt und nach Steuerrecht nicht zur doppelten Buchführung verpflichtet ist, kann eine einfache Buchführung in Form einer Einnahmen-Überschussrechnung erstellen. Einfache Buchführung heißt, dass lediglich die Betriebseinnahmen und die

Betriebsausgaben chronologisch aufgezeichnet werden. Die Differenz daraus ergibt dann den Überschuss. Bei der Einnahmen-Überschussrechnung wird grundsätzlich nur nach Geldfluss gearbeitet, d.h. erst wenn Rechnungen bezahlt sind, wird der Vorgang erfolgswirksam. Für die Einnahmen-Überschussrechnung muss Folgendes beachtet werden:

1. Es gilt das Zuflussprinzip, d.h. die Einnahmen werden erst dann erfasst, wenn der Kunde bezahlt hat.

2. Bei den Ausgaben gilt das Abflussprinzip, d.h. Aufwendungen werden erst dann zu Betriebsausgaben, wenn sie bezahlt sind.

3. Abnutzbare Wirtschaftsgüter müssen nach den Vorschriften des Einkommensteuergesetzes abgeschrieben werden.

4. Grundstücke werden erst dann erfolgswirksam, wenn sie aus dem Betriebsvermögen ausscheiden.

5. Beim Verkauf von gebrauchten Wirtschaftsgütern zählt der Verkaufspreis als Betriebseinnahme, der Restbuchwert als Betriebsausgabe.

6. Zinsen für Fremdkapital mindern den Gewinn, aber die Tilgung für ein Darlehen darf den Gewinn nicht beeinflussen.

7. Die eingenommene Umsatzsteuer ist eine Betriebseinnahme, die gezahlte Vorsteuer ist eine Betriebsausgabe, und die Zahllast ist die Betriebsausgabe im Folgejahr.

8. Es gibt keine Privatentnahmen und Privateinlagen.

9. Unbezahlte Kundenrechnungen bzw. Lagerdifferenzen bleiben unberücksichtigt.

10. Eventuelle Kassendifferenzen sind eine Betriebsausgabe.

11. Wer eine Überschussrechnung macht, ist nicht verpflichtet, eine Jahresinventur durchzuführen.

Einnahmen/Überschussrechnung 20xx		
Fa. Balthasar Melchior EDV Beratungen		
Betriebseinnahmen:		
1 Umsatzerlöse aus Beratungen	80.000,00 €	
2 Erlöse aus Anlagenabgang	10.000,00 €	
3 Vereinnahmte Umsatzsteuer	17.100,00 €	
4 **Gesamteinnahmen**		**107.100,00 €**
Betriebsausgaben:		
1 Raumkosten	6.000,00 €	
2 Energiekosten	1.200,00 €	
3 Versicherungen und Beiträge	1.500,00 €	
4 Kfz-Kosten	3.000,00 €	
5 Bürobedarf	8.000,00 €	
6 Abschreibungen auf Sachanlagen	25.000,00 €	
7 Telekommunikationskosten	5.000,00 €	
8 Sonstiger Betriebsbedarf	15.000,00 €	
9 Gezahlte Vorsteuer	8.350,00 €	
10 Umsatzsteuerzahllast aus dem Vorjahr	4.480,00 €	
11 Gesamtausgaben		77.530,00 €
Gewinn = Überschuss 20xx		**29.570,00 €**

Da § 4 Abs. 3 des Einkommensteuergesetzes auch die Bildung von Abschreibungen beim Jahresabschluss vorsieht, wird die einfache Buchhaltung meist um eine einfache Form der Anlagenbuchhaltung ergänzt. Die Einnahmen-Überschussrechnung muss auf einem amtlichen Formular erstellt werden. Nähere Informationen dazu sind auf der Internetseite des Finanzamts unter www.finanzamt.de zu finden.

1.5   Inventur

Zum Ende des Geschäftsjahres möchte das Finanzamt genau wissen, wie viel Anlagevermögen, wie viel Umlaufvermögen und wie viele Schulden vorhanden sind. Um das zu ermitteln, muss entweder eine körperliche Bestandsaufnahme oder eine Buchinventur durchgeführt werden, deren Ergebnis dann im Inventar festgehalten wird.

Bevor man das Inventar erstellt, muss demnach eine Inventur durchgeführt werden, wobei man unter Inventur die mengenmäßige Erfassung aller Vermögenswerte versteht.

Es gibt vier Inventurmethoden:

1. *Stichtagsinventur*

2. *Stichprobeninventur*

3. *Verlegte Inventur*

4. *Permanente Inventur*

Die klassische Inventurform ist die Stichtagsinventur, bei der alle Vermögensgegenstände und Schulden am Bilanzstichtag, dem letzten Tag im Geschäftsjahr, mengenmäßig erfasst werden. In der Regel entspricht das Geschäftsjahr dem Kalenderjahr und somit ist der 31.12. der Inventurstichtag. Dabei kann bereits 10 Tage vor dem Stichtag mit der Zählung begonnen oder bis zu 10 Tage nach dem Stichtag gezählt werden.

Ist eine mengenmäßige Erfassung nur unter größten Schwierigkeiten möglich, z.B. in einem Kieswerk, dann kann eine Stichprobeninventur durchgeführt werden. Unter Stichprobe darf allerdings nicht das Schätzen verstanden werden, denn eine Stichprobe muss streng nach mathematisch anerkannten Verfahren durchgeführt werden. Dabei wird eine kleine Teilmenge genau ermittelt und anhand des Ergebnisses auf die Gesamtmenge geschlossen.

Bei der verlegten (bzw. verschobenen) Inventur kann drei Monate vor dem Stichtag mit dem Zählen begonnen werden, oder es kann bis zu zwei Monate nach dem Stichtag gezählt werden. Allerdings müssen Warenzu- und Warenabgänge zwischen Inventurstichtag und Bestandsaufnahme zusätzlich erfasst werden.

Beispiel

Ein Industriebetrieb ermittelt am 01.10.20xx den Inventurbestand der Rohstoffe mit 120.000,00 €. Der Inventurstichtag soll der 31.12.20xx sein. Am 01.11.20xx erfolgt ein Zukauf in Höhe von 20.000,00 € und am 15.12.20xx ein Verkauf in Höhe von 50.400,00 €. Der Rohgewinnaufschlagssatz beträgt 110 %. Wie hoch ist der Inventurwert zum 31.12.20xx?

Lösung:

Bestandsaufnahme am 01.10.20xx		120.000,00 €
+ Zugang 01.11.20xx		20.000,00 €
– Abgang 15.12.20xx		
Erlöse	50.400,00 €	
– Gewinnaufschlag 110 %	26.400,00 €	
Einkaufswert		– 24.000,00 €
Inventurbestand 31.12.20xx		**116.000,00 €**

Im Industriebetrieb erfolgt die Herausgabe von Roh-, Hilfs- und Betriebsstoffen nur mit Hilfe eines Materialentnahmescheins. Sobald die Rohstoffe das Lager verlassen, wird der Abgang elektronisch erfasst. Dadurch wird eine permanente Inventur ermöglicht. Am Bilanzstichtag entfällt damit das lästige Zählen, da der Bestand aus der Lagerbuchhaltung entnommen werden kann. Problematisch bei dieser Methode ist jedoch, dass sämtliche Inventurdifferenzen wie z.B. Schwund, Diebstahl etc. nicht erfasst werden. Deshalb verlangt der Gesetzgeber einmal pro Jahr eine körperliche Bestandsaufnahme. Der Vorteil dabei ist, dass der Kaufmann den Tag der Bestandsaufnahme selbst bestimmen kann.

1.6   Inventar

Das Inventar ist das Verzeichnis aller Vermögensteile und Schulden. Es wird in Staffelform erstellt und ist das Ergebnis der Inventur.

Inventar zum 31.12.20xx		€	€	€
A.	**Vermögen:**			
I.	**Anlagevermögen:**			
1.	Grundstück Bahnhofstraße 17	200.000,00		
2.	Grundstück Karlstr. 75	100.000,00	300.000,00	
3.	Gebäude Bahnhofstrasse 17		500.000,00	
4.	Maschinen		80.000,00	
5.	Fuhrpark LKW B-AJ 356	60.000,00		
6.	Fuhrpark PKW B-KF 4534	20.000,00	80.000,00	
7.	Betriebs- und Geschäfts-ausstattung lt. Anlage 1		40.000,00	1.000.000,00
II.	**Umlaufvermögen:**			
1.	Vorräte lt. Anlage 2		200.000,00	
2.	Forderungen aus LuL		119.000,00	
3.	Bank A		80.000,00	
4.	Bank B		17.000,00	
5.	Kassenbestand		14.000,00	430.000,00
	Gesamtvermögen:			1.430.000,00
B.	**Schulden:**			
I.	**Langfristige Schulden:**			
1.	Hypothek		600.000,00	
2.	Darlehen Bank A		168.500,00	768.500,00
II.	**Kurzfristige Schulden:**			
1.	Verbindlichkeiten aus LuL		178.500,00	

			19.000,00	197.500,00
2.	Umsatzsteuerzahllast		19.000,00	197.500,00
	Gesamtschulden:			966.000,00
C.	**Ermittlung des Reinver-mögens = Eigenkapital**			
1.	Summe des Vermögens			1.430.000,00
2.	Summe der Schulden			966.000,00
3.	= Reinvermögen (EK)			464.000,00

1.7   Bilanz

Die Bilanz besteht aus zwei Seiten. Die linke Seite bezeichnet man als Aktiva, die rechte Seite als Passiva.

Auf der Aktivseite werden das Anlagever-mögen, das Umlauf-vermögen und die Rechnungsabgren-zungsposten (RAP) ausgewiesen. Die Aktivseite nennt man die Seite der Mittelver-wendung. Sie ist nach dem Grad der Flüssigkeit gegliedert.

Die Passivseite besteht aus Eigenkapital, Fremdkapital und Rechnungsabgren-zungsposten. Die Passivseite nennt man die Seite der Mittel-herkunft. Sie ist nach dem Grad der Fälligkeit gegliedert.

Das HGB schreibt Einzelkaufleuten und Personenhandelsgesellschaften kein bestimmtes Gliederungsschema für die Bilanz und die Gewinn- und Verlustrechnung vor. § 247 HGB bestimmt lediglich eine Mindestgliederung der Bilanz. Allerdings müssen die Grundsätze ordnungsgemäßer Buchführung (GoB) beachtet werden. Für Kapitalgesellschaften jedoch ist in § 266 Absatz 2 und 3 HGB die Gliederung der Bilanz verbindlich geregelt.

Aktiva	Bilanz zum 31.12.20xx Matthes KG		Passiva	
A. Anlagevermögen		**(in €)**	**A. Eigenkapital**	**(in €)**
1.	Grundstücke	300.000,00	1. Eigenkapital	464.000,00
2.	Gebäude	500.000,00	**B. Fremdkapital**	
3.	Maschinen	80.000,00	1. Hypothek	600.000,00
4.	Fuhrpark	80.000,00	2. Darlehen	168.500,00
5.	Betriebs- u. Geschäfts- ausstattung	40.000,00	3. Verbindlich- keiten aus LuL	178.500,00
B. Umlauf- vermögen			4. Umsatzsteuer- zahllast	19.000,00
1.	Vorräte (Waren)	200.000,00		
2.	Forderungen aus LuL	119.000,00		
3.	Bank	97.000,00		
4.	Kasse	14.000,00		
		1.430.000,00		

Berlin, 31. Mai 20xx

– Unterschrift –

1.7.1 Arten von Bilanzen

Personengesellschaften und Einzelfirmen erstellen in der Regel eine Einheitsbilanz. Bei der Einheitsbilanz werden die Vorschriften des Handelsrechts beachtet. Wenn das Handelsrecht wesentlich vom Steuerrecht abweicht, so wird diese Abweichung außerbilanziell (§ 60 Absatz 2 EStDV) hinzugerechnet.

Wie bereits erwähnt, müssen große Kapitalgesellschaften ihre Bilanzen veröffentlichen. Je nach Größe der Gesellschaft genügt es allerdings, wenn die Bilanz beim Handelsregister bzw. Bundesanzeiger eingereicht oder in einer Tageszeitung veröffentlicht wird. Häufig erstellen Kapitalgesellschaften zwei verschiedene Bilanzen: Die Handelsbilanz nach den Vorschriften des Handelsrechts, die Steuerbilanz nach den Vorschriften des Steuerrechts. Es liegt in der Natur der Sache, dass Handelsbilanzen besonders gut aussehen sollen. Die Firmen wollen Gläubiger, Banken oder potentielle Geldgeber beeindrucken. Also werden sie versuchen, sich reich zu rechnen. Aus diesem Grund hat der Gesetzgeber für die Handelsbilanz eine Obergrenze der Bewertung bestimmt. Bei der Steuerbilanz ist die Interessenlage genau umgekehrt. Für das Finanzamt nämlich wollen die Firmen möglichst schlecht dastehen und rechnen sich arm. Deshalb gilt für die Steuerbilanz die Untergrenze der Bewertung.

> *Merke*
>
> 1. *Handelsbilanzen werden für die Handelspartner (Gläubiger) erstellt. Sie haben eine Obergrenze der Bewertung.*
>
> 2. *Steuerbilanzen werden für das Finanzamt erstellt. Sie haben eine Untergrenze der Bewertung.*

1.7.2 Unterschreiben einer Bilanz

Wer für ein Unternehmen haftet, ist verpflichtet, die Jahresbilanz zu unterschreiben. Bei Einzelfirmen unterschreibt der/die Inhaber/in, bei einer OHG sämtliche Gesellschafter, bei einer KG sämtliche Komplementäre (Vollhafter), bei einer GmbH sämtliche Geschäftsführer und bei der AG sämtliche Vorstandsmitglieder. Die Bilanzen werden dann bei den entsprechenden Finanzämtern eingereicht und, sofern erforderlich, veröffentlicht.

	Frage	Antwort
Aufgaben zur Selbstkontrolle	1. Welche Gesetze verpflichten zur Buchführung?	
	2. Wer ist verpflichtet, eine doppelte Buchführung zu erstellen?	
	3. Prüfen Sie folgende Aussage: Die Buchführung muss täglich erstellt werden.	
	4. In welcher Form wird eine einfache Buchführung erstellt?	
	5. Was ist die Bilanzidentität?	
	6. Wer unterschreibt die Bilanz in der AG?	
	7. Welchen zeitlichen Spielraum hat der Kaufmann bei der Erstellung der Stichtagsinventur?	
	8. Was ist der Unterschied zwischen Inventur und Inventar?	
	9. Was ist der Unterschied zwischen Inventar und Bilanz?	
	10. In welcher Form wird das Inventar erstellt?	

2   Organisation der Buchführung

Das Wort Buchführung bedeutet nichts anderes, als dass jemand Bücher führt. Im 21. Jahrhundert werden diese Bücher i. d. R. nicht mehr per Hand geführt, sondern man bedient sich der EDV. Es gibt jede Menge fähige Buchführungsprogramme, angefangen bei ganz einfachen Programmen für den kleinen Handwerksbetrieb bis hin zu den großen, umfangreichen Programmen für die Konzernbuchhaltung.

2.1   Allgemeine Organisation der Buchführung

Die Buchführungsorganisation ergibt sich zum einen aus der betrieblichen Praxis, zum anderen aus den gesetzlichen Grundlagen. Die Vorschriften, welche Bücher der Kaufmann führen muss, ergeben sich ausschließlich aus dem Steuerrecht, genau genommen aus der Abgabenordnung.

2.2   Bücher der Buchführung: Grundbücher und Hauptbuch

In der doppelten Buchführung werden alle Geschäftsvorfälle zeitlich und sachlich erfasst, wobei zwischen dem Grundbuch für die zeitliche Erfassung und dem Hauptbuch für die sachliche Erfassung zu unterscheiden ist.

Zu den Grundbüchern zählen z.B. das Wareneingangsbuch und das Warenausgangsbuch. Ein typisches Grundbuch ist das Kassenbuch. Hier werden alle bar beglichenen Belege chronologisch erfasst.

Kassenbuch August 20xx (in Euro)						
Nr.	Datum	Geschäfts-vorfälle	Ein-nahmen	Umsatz-steuer	Aus-gaben	Vor-steuer
		Übertrag	1.000,00			
1.	01.08.	Benzin			119,00	19,00
2.	05.08.	Mietertrag	357,00	57,00		
3.	06.08.	Porto			100,00	

4.	18.08.	Bareinzah-lung	500,00			
5.	20.08.	Privatent-nahme			300,00	
		Summe:	1.857,00	57,00	519,00	19,00
		– Ausgaben	519,00			
		Kassen-bestand 31.08.20xx	1.338,00			

Im Hauptbuch werden alle Geschäftsvorfälle in Sachkonten erfasst. Benutzt man das „Amerikanische Journal", dann sind Grund- und Hauptbuch in einem Formular vereint.

Journal (in Euro)								
Datum	Ge-schäfts-vorfall	Betrag	Kasse		Bank		Ben-zin	VorSt.
			S	H	S	H	S	S
	Über-trag:	4.500,00	1.000,00		3.500,00			
01. Aug	Benzin	59,50		59,50			50,00	9,50
	Ka #1							
05. Aug	Miet-ertrag	357,00	357,00					
	Ka #2							
06. Aug	Porto	100,00		100,00				
	Ka #3							
18. Aug	Barab-hebung	500,00	500,00			500,00		
	Ka #4							
20. Aug	Privat	300,00		300,00				
	Ka #5							
	Summe:	5.816,50	1.857,00	459,50	3.500,00	500,00	50,00	9,50

2.3   Belege

Ein Beleg kann eine Quittung, ein Bankauszug, eine Rechnung, ein Schreiben oder Ähnliches sein. Er ist eine schriftliche Unterlage mit einem Betrag für den Buchungsvorgang. Belege werden in der Buchhaltung eingeteilt in:
1. Fremdbelege
2. Eigenbelege
3. Hilfsbelege

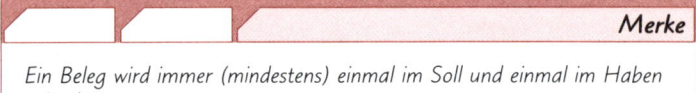

Merke

Ein Beleg wird immer (mindestens) einmal im Soll und einmal im Haben gebucht.

2.3.1   Fremdbelege

Fremdbelege kommen von dritter Seite in das Unternehmen. Sie werden auch Außenbelege genannt. Ein Fremdbeleg kann entweder eine Quittung (Tankstelle), eine Lieferantenrechnung oder ein Bankauszug sein.

Freie Tankstelle			Deutsche Post AG	
Berlin	11.01.20xx			18.01.20xx
47,6 l Super Bleifrei	59,50 €		Brief-marken	110,00 €
darin enthalten 19 % Umsatzsteuer = 9,50 €		oder:		
Verkauf erfolgt im Namen der XY AG!			Vielen Dank für Ihren Einkauf!	

Z-Bank AG

Kontonummer	Datum	Auszug-Nr.	Letzter Kontoauszug	Buchungstag	Umsatz (Euro)
10023O240	20.02.20xx	120	v. 31.01.20xx		−15.387,40
Petra Unruh e.K.		Rg.-Nr. 8648		01.02.	5.771,50
Buhlmann AG		Rg.-Nr. 4696		03.02.	−28.857,50
Sonnenschein KG		Rg.-Nr. 4701		08.02.	−1.785,00
Schmidtbauer		Rg.-Nr. 8945		19.02.	1.190,00
Matthias Machnik		Rg.-Nr. 8946		20.02.	3.462,90
BLZ 80070000				Neuer Kontostand:	−35.605,50

Ihr Kontokorrentkredit beträgt 50.000,00 €

2.3.2 Eigenbelege

Eigenbelege werden vom Unternehmen selbst erstellt. Sie werden auch Innenbelege genannt. Ein Eigenbeleg kann beispielsweise eine selbst erstellte Quittung oder eine Kundenrechnung sein.

Karl Friedrich Scholz Textilgroßhandel Tonstrasse 7 13597 Berlin	Rechnungsnummer:	8964
	Rechnungsdatum:	18.02.20xx
	Kundennummer:	10.002
	Steuernummer 15/23569	
	Finanzamt Berlin-Tiergarten	

Fa.
Matthias Machnik
Torstr. 13
12250 Berlin

Artikel	Menge	Einzelpreis	Betrag
Hosen	10	18,95 €	189,50 €
Hemden	20	43,50 €	870,00 €
Blusen	10	14,35 €	143,50 €
Bücher	5	14,85 €	74,25 €

Zahlungsbedingungen:

10 Tg. 3 %; 30 Tg. netto	Warenwert	USt.-Satz	USt.-Betrag	
	1.203,00 €	19 %	228,57 €	1.431,57 €
Bankverbindung:	74,25 €	7 %	5,20 €	79,45 €
Z-Bank AG			**Rechnungsbetrag:**	1.511,02 €
BLZ 800070000	Konto 100230240			

2.3.3 Hilfsbelege

Ein Hilfsbeleg wird erstellt, wenn es keinen natürlichen Beleg gibt, z.B. wenn der Vorgesetzte € 100,00 aus der Kasse nimmt.

Netto		100,00 €
+ 19 % MwSt.		0,00 €
Gesamt		**100,00 €**

Gesamtbetrag in Worten

– Einhundert –

von   Geschäftskasse

für   Privatentnahme Herr Bauernschmidt

dankend erhalten.

Berlin, den 19.11.20xx   K.F. Bauernschmidt
Kontierung: 3001 an 2880

Merke

Grundsätzlich darf kein Hilfsbeleg erstellt werden, wenn der eigentliche Beleg verloren gegangen ist.

2.4 Kontenrahmen/Kontenplan

Kontenbenennungen können nicht willkürlich gewählt werden, da Vergleiche mit anderen Betrieben nur durch eine systematische Zuordnung von Konten nach Kontengruppen und eine einheitliche ziffernmäßige Bezeichnung möglich werden. Hierzu dient der Kontenrahmen, der alle Konten in Klassen von 0 – 9 einteilt. Die wichtigsten Muster-Kontenrahmen gibt es für die Wirtschaftszweige Einzelhandel, Groß-

und Außenhandel, Banken, Industrie, Handwerk. Jeder Kontenrahmen
kann nach individuellen betrieblichen Bedürfnissen durch weitere
zahlenmäßige Aufgliederung in einen individuellen Kontenplan erwei-
tert werden. Jede Ziffer der Kontennummer hat eine eigene Bedeutung.
Die erste Stelle gibt an, welche Kontenklasse angesprochen wird, die
zweite Stelle gibt die Kontengruppe wieder, die dritte Stelle die
Konten(Kosten-)art und die letzte Stelle steht für eine Konten(Kosten-)
unterart.

Beispiel

Konto 6332
1. Stelle   = Kontenklasse   6   = Betrieblicher Aufwand
2. Stelle   = Kontengruppe   63   = Gehälter
3. Stelle   = Kostenart   633   = Freiwillige Zuwendungen
4. Stelle   = Kostenunterart   6332   = Abteilung Controlling

---

Die Empfehlungen des Kontenrahmens für die 1. und 2. Stelle, d.h. Kontenklasse und -gruppe, sollen in den Kontenplan übernommen werden.

Die numerische Ordnung stellt eine große Vereinfachung für die
Buchhaltung dar, die in der Praxis bei dem Buchungssatz nur noch die
Nummern der Konten verwendet.

Beispiel

Wir kaufen Rohstoffe auf Ziel. 5.000,00 €

Kontierung:

2000   (Rohstoffe)
          an 4400 (Verbindlichkeiten)   5.000,00 €

oder: 2000/4400

Auch die elektronische Datenverarbeitung wäre ohne diese numerische
Ordnung undenkbar. Die einzelnen Rahmenpläne weisen jedoch
Abweichungen auf, denn jeder Betrieb verwendet nur die Konten des
Kontenrahmens, die er de facto benötigt.

2.4.1 Abschlussgliederungsprinzip

Betriebe, die eine Kostenrechnung betreiben, arbeiten nach dem Abschlussgliederungsprinzip. Abschlussgliederung bedeutet, dass die Kostenklassen 0–4 Bilanzkonten, die Kontenklassen 5–8 Konten der GuV sind und die Kontenklasse 9 für statistische Zwecke benutzt werden kann.

2.4.2 Prozessgliederungsprinzip

Das Prozessgliederungsprinzip wird von Handels- und Dienstleistungsbetrieben benutzt. Es wird in der Regel keine Kostenrechnung erstellt. Die einzelnen Kontenklassen sind nach betrieblichen Prozessen gegliedert. Die Konten der Kontenklasse 0, 1, teilweise 3 und 7 gehen in die Bilanz, die Konten der Klasse 2, teilweise 3, 4, und 8 gehen in die GuV.

	Frage	Antwort
Aufgaben zur Selbstkontrolle	1. Welche Belege kennen Sie?	
	2. Geben Sie ein Beispiel für einen Eingangsbeleg.	
	3. Nennen Sie ein Beispiel für einen Hilfsbeleg.	
	4. Ein Beleg ist verloren gegangen. Dürfen Sie einen Hilfsbeleg schreiben?	
	5. Ist der Bankauszug ein Eigenbeleg oder ein Fremdbeleg?	
	6. Nennen Sie ein Grundbuch.	
	7. Nennen Sie ein Hauptbuch.	
	8. Nach welchem Prinzip ist der Industriekontenrahmen (IKR) gegliedert?	
	9. Welche Bedeutung hat die Kontenklasse 5 beim IKR?	
	10. Welche Bedeutung hat die Kontenklasse 6 beim IKR?	

3   Die Konten in der Buchhaltung

Der Begriff Konto ist wesentlicher Bestandteil der Buchführung. Ein Konto besteht aus zwei Seiten. Die linke Seite nennt man Soll, die rechte Seite Haben.

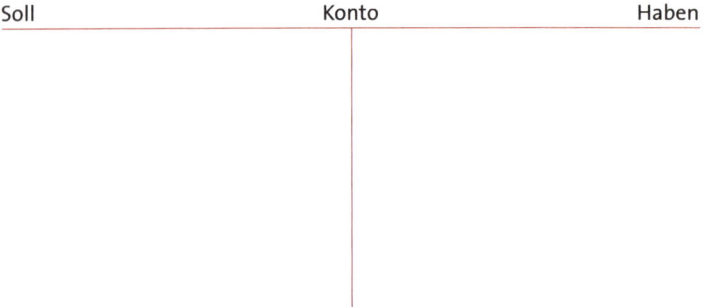

Soll	Konto	Haben

Soll und Haben müssen zum Jahresende immer ausgeglichen sein. Zum Ausgleich wird ein Saldo gebildet, der entweder als Schlussbestand in das Schlussbilanzkonto oder als Aufwand bzw. Ertrag in die GuV übernommen wird.

Man unterscheidet Bestandskonten und Erfolgskonten. Bestandskonten stehen in der Bilanz, Erfolgskonten in der Gewinn- und Verlustrechnung (GuV).

3.1   Bestandskonten

Bestandskonten unterteilen sich in Vermögens- und Schuldkonten. Soll und Haben müssen sich immer ausgleichen, nötigenfalls wird ein Ausgleichsbetrag oder Saldo ermittelt, damit das Konto ausgeglichen werden kann.

Der Kauf eines Computers zum Beispiel bedeutet eine Veränderung des Vermögens des Unternehmens. Es verringert durch den Kauf seine liquiden Mittel und vermehrt seine Betriebs- und Geschäftsausstattung (BGA). Da diese Konten, wie auch Bankkonten, Forderungen, Fuhrpark und andere Konten, zu seinem Vermögen gehören, hat eine Umschichtung innerhalb des Vermögens stattgefunden.

Merke

Alle Vermögenskonten gehören zu den Bestandskonten. Aber auch alle Schuldkonten zählen zu den Bestandskonten, stellen sie doch einen Schuldbestand dar.

Bei den Vermögenskonten wird der Anfangsbestand und der Zugang auf der Sollseite gebucht – bei den Schuldkonten genau spiegelbildlich – nämlich auf der Habenseite.

Der Abgang und der Endbestand stehen bei den Schuldkonten auf der Sollseite – und bei den Vermögenskonten wieder genau umgekehrt!

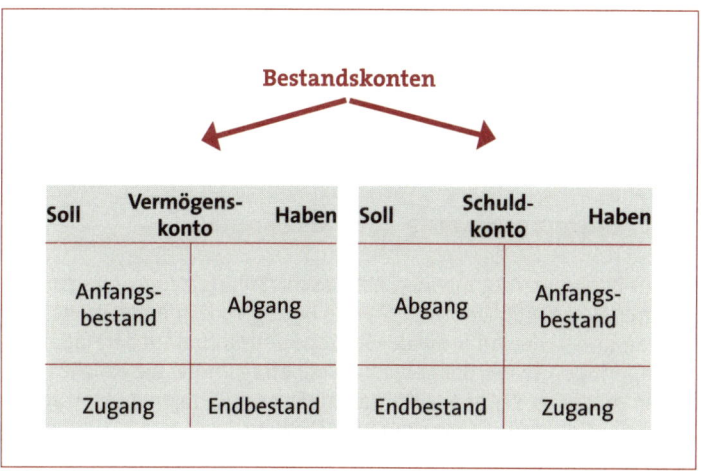

Ein Konto wird abgeschlossen, indem der Unterschiedsbetrag oder Saldo zwischen der Soll- und Habenseite ermittelt wird. Dieser Betrag ist der Endbestand. Er muss im neuen Geschäftsjahr als Anfangsbestand neu auf dem Konto eingetragen werden.

Ein ordnungsgemäß abgeschlossenes Konto weist als Summe auf beiden Seiten immer den gleichen Betrag aus und kann nachträglich nicht mehr verändert werden.

Beispiel

Führen des Bankkontos für das erste und zweite Jahr:

S		2800 Bank		H
	AB	2.000,00 €	3. 4400 Vbl.	2.380,00 €
1.	2880 Kasse	500,00 €	4. 4230 Darl.	1.000,00 €
2.	2400 Ford.	1.190,00 €	EB	310,00 €
		3.690,00 €		3.690,00 €

Folgejahr:

S		2800 Bank		H
	AB	310,00 €	3. 4250 Hypothek	500,00 €
1.	5710 Zinsertrag	250,00 €	4. 4230 Darl.	1.000,00 €
2.	2400 Ford.	2.380,00 €	EB	1.440,00 €
		2.940,00 €		2.940,00 €

3.1.1   Buchungsvorgang – Bestandskonten

Jedem Buchungsvorgang liegt ein Geschäftsvorfall zugrunde, für den es einen Beleg gibt. Der zu buchende Betrag wird in mindestens zwei Konten, und zwar einmal auf der Sollseite und einmal auf der Habenseite eingetragen, wobei der gebuchte Sollbetrag immer die gleiche Höhe haben muss wie der gebuchte Habenbetrag. Die doppelte Eintragung ist die Grundlage der doppelten Buchführung.

3.1.2   Buchungssatz

Die Anweisung, welche Konten von einem Geschäftsvorfall erfasst werden, ergibt sich aus dem Buchungssatz. Auf dem zuerst genannten Konto wird im Soll gebucht, dann folgt der Zusatz „an" mit der Angabe für das Habenkonto.

    Der einfache Buchungssatz nennt nur zwei Konten, z.B. 2880 Kasse an 2800 Bank, der zusammengesetzte Buchungssatz kann dagegen auch mehrere Konten im Soll und Haben heranziehen, z.B. 2880 Kasse und 2800 Bank an 2400 Forderungen oder 4400 Verbindlichkeiten an 2800 Bank und an 2880 Kasse. Bei der EDV-Buchführung bezeichnet man dies als Splittbuchung.

Beim Buchen wird auf dem Konto immer das Gegenkonto angegeben. Damit kann der zugrunde liegende Geschäftsvorfall jederzeit zurückverfolgt und kontrolliert werden. Der Buchungssatz (Kontierung) wird in der Praxis immer auf den Beleg geschrieben.

Zur Lösung von Buchungssätzen wird nach folgendem Schema vorgegangen:

Beispiel

Eine Firma kauft Rohstoffe auf Ziel für 5.950,00 € (noch ohne Umsatzsteuer).

Lösung:

Welche zwei Konten werden angesprochen?
Konto Rohstoffe und Konto Verbindlichkeiten.

Was sind das für Konten?
Konto Rohstoffe ist ein Vermögenskonto, Konto Verbindlichkeiten ist ein Schuldkonto.

Wie verändern sich die Konten?
Konto Rohstoffe hat einen Zugang im Soll, Konto Verbindlichkeiten hat einen Zugang im Haben.

Wie lautet der Buchungssatz?
Rohstoffe   5.950,00 €
an Verbindlichkeiten   5.950,00 €

Mit jedem Buchungssatz verändert sich die Bilanz. Es gibt vier verschiedene Möglichkeiten der Bilanzveränderung.

1. Aktivtausch
Beispiel: Bank an Kasse
2. Passivtausch
Beispiel: Verbindlichkeiten an Darlehen
3. Aktiv-Passiv-Mehrung
Beispiel: Rohstoffe an Verbindlichkeiten
4. Aktiv-Passiv-Minderung
Beispiel: Verbindlichkeiten an Bank

Übungsaufgabe 1

Bilden Sie für nachfolgende Geschäftsvorfälle die Buchungssätze und geben Sie die Bilanzveränderungen an.

Nr.	Geschäftsvorfälle	Konten Soll	an	Haben	Betrag in € Soll	Haben
1.	Wir kaufen einen PKW gegen Barzahlung. € 23.800,00		an			
2.	Wir bezahlen eine Lieferantenrechnung durch Banküberweisung. € 11.900,00		an			
3.	Wir kaufen ein Grundstück und nehmen dafür eine Hypothek auf. € 200.000,00		an			
4.	Unser Kunde bezahlt eine offene Forderung durch Postbank. € 11.900,00		an			
5.	Wir kaufen einen neuen Computer. € 4.760,00 per Bank		an			
6.	Wir kaufen einen Drucker für € 400,00. Wir zahlen bar.		an			
7.	Wir kaufen Rohstoffe auf Ziel. € 5.950,00		an			
8.	Wir verkaufen ein Grundstück gegen Bankscheck. € 250.000,00		an			
9.	Wir kaufen einen PKW auf Ziel. € 35.700,00		an			
10.	Wir bezahlen einen Teil unseres Darlehens zurück (Banküberweisung). € 10.000,00		an			
	Summe:					

Bilanzveränderungen:
1 = Aktivtausch, 2 = Passivtausch, 3 = Aktiv-Passiv-Mehrung, 4 = Aktiv-Passiv-Minderung

Übungsaufgabe 2

Bilden Sie für nachfolgende Geschäftsvorfälle die Buchungssätze und geben Sie die Bilanzveränderungen an.

Nr.	Geschäftsvorfälle	Konten			Betrag in €	
		Soll	an	Haben	Soll	Haben
1.	Wir verkaufen einen PKW gegen Barzahlung. € 11.900,00		an			
2.	Unser Kunde bezahlt eine offene Rechnung durch Banküberweisung. € 35.700,00		an			
3.	Wir kaufen ein Grundstück und nehmen dafür eine Hypothek auf. € 200.000,00		an			
4.	Unser Kunde bezahlt eine offene Forderung durch Bank. € 29.750,00		an			
5.	Wir kaufen einen neuen Schrank gegen Barzahlung. € 476,00		an			
6.	Wir kaufen Waren auf Ziel. € 17.850,00		an			
7.	Wir verkaufen einen LKW gegen Bankscheck. € 29.750,00		an			
8.	Wir kaufen einen PKW auf Ziel. € 23.800,00		an			

9.	Wir bezahlen einen Teil unserer Hypothek zurück (Banküberweisung). € 1.000,00		an			
10.	Wir kaufen einen Schreibtisch gegen Barzahlung. € 1.785,00		an			
	Summe:					

Bilanzveränderungen: 1 = Aktivtausch, 2 = Passivtausch, 3 = Aktiv-Passiv-Mehrung, 4 = Aktiv-Passiv-Minderung								

Übungsaufgabe 3

Nennen Sie für nachfolgende Buchungssätze die **Geschäftsvorfälle** und geben Sie die Bilanzveränderungen an.

Nr.	Ge-schäfts-vorfälle	Konten			Betrag in €	
		Soll	an	Haben	Soll	Haben
1.		PKW	an	Kasse	23.800,00	23.800,00
2.		Bank	an	Forde-rungen	11.900,00	11.900,00
3.		Gebäude	an	Hypothek	200.000,00	200.000,00
4.		Hypothek	an	Bank	10.000,00	10.000,00
5.		BGA	an	Bank	4.760,00	4.760,00
6.		Bank	an	Kasse	5.000,00	5.000,00
7.		Verbind-lichkeiten	an	Bank	25.000,00	25.000,00
8.		Rohstoffe	an	Verbind-lichkeiten	30.000,00	30.000,00
9.		Verbind-lichkeiten	an	Rohstoffe	10.000,00	10.000,00
10.		Kasse	an	Bank	1.000,00	1.000,00

Bilanzveränderungen: 1 = Aktivtausch, 2 = Passivtausch, 3 = Aktiv-Passiv-Mehrung, 4 = Aktiv-Passiv-Minderung								

Übungsaufgabe 4

Es liegen folgende Anfangsbestände vor:

0510 Grundstücke 100.000,00; 0530 Gebäude 300.000,00; 0700 Maschinen 100.000,00; 0840 Fuhrpark 50.000,00; 0860 BGA 40.000,00; 2000 Rohstoffe 30.000,00; 2400 Forderungen 20.000,00; 2800 Bank 30.000,00; 2880 Kasse 10.000,00; 3000 EK ?; 4400 Verbindlichkeiten 200.000,00; 4250 Hypothek 400.000,00

Erstellen Sie ein Eröffnungsbilanzkonto und bilden Sie für nachfolgende Geschäftsvorfälle die jeweiligen Buchungssätze.

Nr.	Geschäftsvorfälle	Konten Soll	an	Haben	Betrag in € Soll	Haben
1.	Wir kaufen einen PKW und nehmen dafür ein Darlehen auf. € 20.000,00		an			
2.	Wir bezahlen eine Lieferantenrechnung durch Banküberweisung. € 10.000,00		an			
3.	Wir kaufen ein Grundstück und nehmen dafür eine Hypothek auf. € 200.000,00		an			
4.	Unser Kunde bezahlt eine offene Forderung durch Bank. € 11.900,00		an			
5.	Wir kaufen einen Computer gegen Barzahlung. € 2.500,00		an			

6.	Wir verkaufen einen gebrauchten Aktenschrank gegen Barzahlung. € 500,00	an			
7.	Wir kaufen Rohstoffe auf Ziel. € 4.000,00	an			
8.	Umwandlung einer Lieferschuld in ein Darlehen. € 40.000,00	an			
9.	Wir kaufen einen Tresor gegen Barzahlung. € 1.000,00	an			
10.	Wir heben vom Bankkonto € 500,00 ab und legen das Geld in die Kasse.	an			
11.	Wir kaufen einen PKW auf Ziel. € 30.000,00	an			
12.	Wir bezahlen einen Teil unseres Darlehens durch Banküberweisung. € 10.000,00	an			

Schließen Sie die Konten über das Schlussbilanzkonto ab.

3.2 Erfolgskonten

Veränderungen der Bestandskonten führen nur zu Verschiebungen innerhalb der Vermögens- und Schuldposten. Hierbei bleibt das Eigenkapital unverändert. Sollen Aufwendungen und Erträge gebucht werden, müssen diese das Eigenkapitalkonto beeinflussen. Das Kontenschema findet man in allen Buchführungsverfahren. Eine Ausnahme bildet die GuV, die in Staffelform erstellt wird.

Erfolgskonten hingegen verändern das Eigenkapital. Sie können im weitesten Sinne als Unterkonten des Eigenkapitals angesehen werden. Deshalb gelten für Erfolgskonten auch die Buchungsregeln der Schuldkonten.

3.2.1 Aufwendungen

Aufwendungen wie beispielsweise Mieten, Löhne, Steuern vermindern das Eigenkapital und können als Abgänge vom Passivkonto Eigenkapital betrachtet werden; sie sind deswegen im Soll zu buchen.

3.2.2 Erträge

Erträge wie z.B. Erlöse aus Verkäufen der eigenen Erzeugnisse, Mieteinnahmen, Zinseinnahmen vermehren das Eigenkapital und werden als Zugänge im Haben gebucht.

Da das Eigenkapitalkonto übersichtlich bleiben muss, wird eine neue Kontengruppe, die Erfolgskonten, eingeführt, die in Aufwands- und Ertragskonten zu unterscheiden sind.

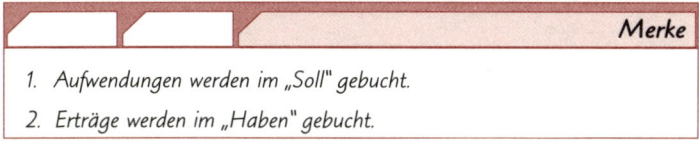

Merke

1. *Aufwendungen werden im „Soll" gebucht.*

2. *Erträge werden im „Haben" gebucht.*

Das Sammelkonto, das zur Ermittlung des Saldos benötigt wird, ist das Gewinn- und Verlustkonto in Staffelform, abgekürzt „GuV". In der Praxis wird aber statt der Staffelform oftmals die Kontenform gewählt. So erstellen Personengesellschaften und Einzelfirmen ihre GuV in der Regel in Kontenform:

Soll		GuV zum 31.12.20xx	Haben
Rohstoff-verbrauch	70.000,00 €	Erlöse (Warenverkauf)	180.000,00 €
Gehälter	50.000,00 €	Zinserträge	20.000,00 €
Löhne	40.000,00 €	Mieterträge	30.000,00 €
Steuern	5.000,00 €	Provisionserträge	10.000,00 €
Kfz-Kosten	6.000,00 €		
Versicherungen	8.000,00 €		

Werbung	10.000,00 €		
Zinsaufwand	10.000,00 €		
Büromaterial	20.000,00 €		
Gewinn (EK)	21.000,00 €		
	240.000,00 €		240.000,00 €

Kapitalgesellschaften sind allerdings verpflichtet, ihre GuV in Staffelform nach § 275 Absatz 2 HGB zu erstellen:

GuV zum 31.12.20xx (in Euro)			
1.	Umsatzerlöse		180.000,00
2.	Sonstige betriebliche Erträge		
	Zinserträge	20.000,00	
	Mieterträge	30.000,00	
	Provisionserträge	10.000,00	60.000,00
3.	Rohstoffverbrauch		− 70.000,00
4.	Personalaufwand		
	Gehälter	− 50.000,00	
	Löhne	− 40.000,00	− 90.000,00
5.	Sonstige betriebliche Aufwendungen		
	Steuern	− 5.000,00	
	Kfz-Kosten	− 6.000,00	
	Versicherungen	− 8.000,00	
	Werbung	− 10.000,00	
	Büromaterial	− 20.000,00	− 49.000,00
6.	Zinsaufwand		− 10.000,00
7.	Ergebnis der gewöhnlichen Geschäftstätigkeit (Gewinn)		21.000,00

Merke

1. Sind die Aufwendungen kleiner als die Erträge, ist der Saldo ein Gewinn,

2. sind die Aufwendungen größer als die Erträge, ist der Saldo ein Verlust.

Der Saldo des GuV-Kontos wird auf das Eigenkapital übertragen.

Übungsaufgabe 5
Bilden Sie für nachfolgende Geschäftsvorfälle die Buchungssätze.

Nr.	Geschäftsvorfälle	Konten			Betrag in €	
		Soll	an	Haben	Soll	Haben
1.	Wir bezahlen Gehälter durch Banküberweisung. € 5.000,00		an			
2.	Wir bezahlen die Miete durch Onlinebanking. € 200,00		an			
3.	Wir kaufen Briefmarken und zahlen bar. € 100,00		an			
4.	Wir bezahlen die Telefonrechnung durch Onlinebanking. € 200,00		an			
5.	Wir kaufen Druckerpapier. Barzahlung € 59,50		an			
6.	Wir erhalten durch eine Bankgutschrift Zinserträge über € 100,00.		an			
7.	Wir bezahlen die Stromrechnung durch Onlinebanking. € 150,00		an			

8.	Wir bezahlen die Benzin- rechnung bar. € 119,00		an			
9.	Wir erhalten Provision durch Bank. € 2.380,00		an			
10.	Wir bezahlen die Versi- cherungsbeiträge durch Bank. € 3.000,00		an			
11.	Wir bezahlen Bankzinsen. € 200,00		an			
12.	Wir bezahlen Konto- führungsgebühren. € 50,00		an			

3.3   Sachkonten

Unter Sachkonten versteht man alle Konten der Buchführung. Jedes benutzte Konto ist ein Sachkonto wie z.B. die Kasse, die Bank, die Verbindlichkeiten, der Mietaufwand oder der Zinsertrag.

3.4   Personenkonten

Personenkonten sind die Debitoren und Kreditoren. Jeder Kunde und auch jeder Lieferant bekommt ein eigenes, personenbezogenes Konto. (Siehe auch Kapitel 6.4 Kontokorrentbuchhaltung.)

3.5   Privatkonten

Auf dem Eigenkapitalkonto müssen die privaten und betrieblichen Zu- und Abgänge getrennt ausgewiesen werden. Die Unterscheidung zwischen Betriebs- und Privatausgaben ist in § 4 Absatz 4 EStG definiert: „Betriebsausgaben sind Ausgaben, die durch den Betrieb veranlasst sind."

Das bedeutet, dass alle anderen Ausgaben, auch Geschenke, Spenden, Unterhalt und Haushaltskosten, Privatausgaben sind. Die privaten Einlagen, Entnahmen und sonstigen Aufwendungen und Erträge, die nicht betrieblich verursacht sind, werden daher auf den Privatkonten (Privatentnahmen/Privateinlagen) erfasst.

Die Privatkonten sind Unterkonten des Eigenkapitals und werden über dieses Konto abgeschlossen. Allerdings gibt es solche Privatkonten nur bei Einzelfirmen und Personengesellschaften. Kapitalgesellschaften haben keine Privatsphäre und deshalb auch keine Möglichkeit, Privatentnahmen zu tätigen. Privatentnahmen von Waren und Leistungen unterliegen in der Regel der gesetzlichen Umsatzsteuer. Der Buchungssatz bei einer privaten Entnahme lautet:

- 3001 Privat an 5420 Sonstige unentgeltliche Lieferung und Leistung und 4800 USt.

Entnimmt der Inhaber lediglich Geld, dann fällt keine Umsatzsteuer an. Der Buchungssatz lautet in diesem Fall:

- 3001 Privat an 2880 Kasse bzw. 2800 Bank

Für die private PKW-Nutzung des Firmenfahrzeugs gibt es die Regelung, dass der private Verbrauch mit monatlich 1 % vom Listenpreis (am Tag der Erstzulassung) angesetzt wird. Erforderlich ist dafür jedoch der Nachweis des Unternehmers, dass das Auto zu mindestens 50 % betrieblich genutzt wird. Der entsprechende Buchungssatz lautet:

- 3001 Privat an 5420 Sonstige unentgeltliche Lieferung und Leistung und 4800 USt.

Beispiele

Ein Unternehmer nutzt das Firmenfahrzeug auch für Privatzwecke. Der Listenpreis für das Auto beträgt 35.700,00 €.

Lösung:

Privatfahrten:

1 % pro Monat = 12 % pro Jahr von 35.700,00 €   =   4.284,00 €

davon 80 % umsatzsteuerpflichtig und 20 % umsatzsteuerfrei

20 % von 4.284,00 €		=	856,80 €
80 % von 4.284,00 €	= 3.427,20 €		
+ 19 % USt.	= 651,17 €		
		=	4.078,37 €
Insgesamt		=	4.935,17 €

Der Unternehmer muss sich pro Jahr 4.935,17 € anrechnen lassen.
Pro Monat ergibt das eine Belastung von 411,26 €.

Buchung:

3001 Privatkonto	4.935,17 €
an 5420 Sonstige unentgeltliche Lieferung und Leistung (steuerfrei)	856,80 €
an 5421 Sonstige unentgeltliche Lieferung und Leistung (steuerpflichtig)	3.427,20 €
an 4800 USt.	651,17 €

Es wäre auch möglich, dass der Inhaber ein Fahrtenbuch führt und dann nur die tatsächlich gefahrenen Kilometer erstattet.

Füllt der Unternehmer die Kasse oder die Bank mit privaten Mitteln auf, so tätigt er eine Privateinlage. Genauso gut könnte er Gegenstände in die Firma einlegen. Bei der Gegenstandseinlage entspricht der Einlagewert grundsätzlich den fortgeführten Anschaffungskosten, die im Steuerrecht mit Teilwert bezeichnet werden. Dabei wird eine lineare AfA unterstellt.

Beispiel

Ein Unternehmer hat sich vor zwei Jahren ein neues Auto gekauft. Die Anschaffungskosten betrugen (einschließlich der Umsatzsteuer) 23.800,00 €. Nun möchte der Unternehmer das Auto gerne in die Firma einlegen. Die betriebsgewöhnliche Nutzungsdauer für das Auto beträgt 6 Jahre.
Der Einlagewert wird wie folgt berechnet:

$$\text{Anschaffungskosten} \ \frac{23.800,00 \, € \cdot 4 \, \text{Jahre}}{6 \, \text{Jahre}} = 15.867,00 \, €$$

Bei der Einlage von nicht abnutzbaren Wirtschaftsgütern wie z.B. Grundstücken darf die Einlage innerhalb von drei Jahren nach der Anschaffung maximal zu den Anschaffungskosten erfolgen.

Beispiel

Ein Unternehmer hat sich vor zwei Jahren ein privates Grundstück für 120.000,00 € gekauft. Nun möchte er das Grundstück gerne in die Firma einlegen. Laut einem Gutachten beträgt der Verkehrswert 150.000,00 €.
Nach den Vorschriften des EStG darf die Einlage maximal zu 120.000,00 € erfolgen.
Würde der Unternehmer das Grundstück erst nach drei Jahren einlegen, könnte er 150.000,00 € dafür ansetzen.

Übungsaufgabe 6

Es liegen folgende Anfangsbestände vor:
0510 Beb. Grundstücke 100.000,00;
0530 Gebäude 450.000,00;
0700 Maschinen 110.000,00;
0840 Fuhrpark 55.000,00;
0870 BGA 41.000,00;
2000 Rohstoffe 60.000,00;
2400 Forderungen 23.800,00;
2800 Bank 35.000,00;
2880 Kasse 12.000,00;
3000 EK ?;
4250 Darlehen 500.000,00;
4400 Verbindlichkeiten 23.800,00

- Richten Sie die Erfolgskonten nach Bedarf ein.
- Richten Sie folgende Privatkonten ein: 3001 Privatentnahmen; 3002 Privateinlagen.
- Erstellen Sie ein Eröffnungsbilanzkonto.
- Bilden Sie für die nachfolgenden Geschäftsvorfälle die jeweiligen Buchungssätze.

Nr.	Geschäftsvorfälle	Konten			Betrag in €	
		Soll	an	Haben	Soll	Haben
1.	Wir überweisen die Miete. € 11.900,00 (brutto)		an			
2.	Die Kfz-Versicherung beträgt € 600,00 (Bankzahlung).		an			
3.	Der Inhaber entnimmt € 100,00 aus der Kasse.		an			
4.	Wir verkaufen unsere Erzeugnisse auf Ziel. € 47.600,00 (brutto)		an			
5.	Die Bank schreibt uns Zinsen gut. € 250,00		an			
6.	Die Einkommensteuer wird durch die Bank überwiesen. € 3.000,00		an			
7.	Wir kaufen Hilfsstoffe auf Ziel. € 4.000,00 (netto)		an			
8.	Privateinlage bar € 5.000,00		an			
9.	Verbrauch von Rohstoffen für € 20.000,00		an			
10.	Die Benzinrechnung beträgt € 71,40 (Kasse).		an			
11.	Der Inhaber entnimmt Handelswaren aus dem Warenlager. Der Einkaufspreis beträgt € 200,00, der Verkaufspreis € 399,00.		an			
12.	Der Inhaber legt € 500,00 in die Kasse.		an			

Schließen Sie die Konten ab.

	Frage	Antwort
Aufgaben zur Selbstkontrolle	1. Worin unterscheiden sich Sachkonten von Personenkonten?	
	2. Auf welcher Kontenseite im Vermögenskonto wird ein Zugang gebucht?	
	3. Nennen Sie einen Aktivtausch.	
	4. Nennen Sie eine Aktiv-Passiv-Mehrung.	
	5. Wie wird die private Geldentnahme gebucht?	
	6. Welche Gesellschaftsform darf ein Privatkonto führen?	
	7. In welcher Form müssen Kapitalgesellschaften die GuV erstellen?	
	8. Über welches Konto wird der Saldo der GuV abgeschlossen?	
	9. Zählen Sie drei Aufwandskonten auf.	
	10. Zählen Sie drei Ertragskonten auf.	

4   Steuern im Betrieb

In der Buchführung können Steuern zunächst in Betriebsteuern und in nicht abzugsfähige Personensteuern unterteilt werden.

4.1   Betriebliche Steuern

Zu den bekanntesten betrieblichen Steuern zählt die Umsatzsteuer. Weniger geläufig ist die Grunderwerbsteuer, die grundsätzlich aktivierungspflichtig ist. Aufwandsteuern dürfen den Gewinn mindern und werden über die GuV abgerechnet. Zu den so genannten Durchlaufsteuern gehört die Lohnsteuer der Arbeitnehmer.

4.1.1   Umsatzsteuer

Lieferungen und Leistungen eines Unternehmens unterliegen der Umsatzsteuer, die im Umsatzsteuergesetz, abgekürzt UStG, geregelt ist. Die im Rechnungsbetrag enthaltene Umsatzsteuer muss gesondert gebucht werden.

Bei allen eingehenden Rechnungen wird die Umsatzsteuer Vorsteuer genannt, die auf einem Aktivkonto als Forderung gegenüber dem Finanzamt (2600 Vorsteuer) ausgewiesen wird. Die Vorsteuer ist ein aktives Bestandskonto und wird über das Umsatzsteuerkonto (4800) abgeschlossen.

Bei allen ausgehenden Rechnungen fällt die Umsatzsteuer an, die auf einem Passivkonto als Verbindlichkeit gegenüber dem Finanzamt (4800 USt.) ausgewiesen wird. Die Umsatzsteuer ist ein passives Bestandskonto und wird als Zahllast über die Schlussbilanz abgerechnet.

Die Umsatzsteuer wird als Netto-Allphasen-Steuer bezeichnet, weil jede Stufe der Mehrwertschöpfung besteuert wird.

						Beispiel
Nr.	Beteiligte	Erlöse in €	Um-satz-steuer in €	Vor-steuer in €	Zahl-last in €	Trag-last in €
1.	Bauer (7 % USt.): Verkauft Kartoffeln an den Hersteller.	100,00	7,00	0,00	7,00	
2.	Hersteller (7 % USt.): Kauft Kartoffeln und macht daraus Pommes frites.	200,00	14,00	7,00	7,00	
3.	Großhändler (7 % USt.): Kauft Pommes frites und lagert sie.	400,00	28,00	14,00	14,00	
4.	Einzelhändler Gastronomie (19 % USt.): Verkauft warme Pommes frites an Endverbraucher.	800,00	152,00	28,00	124,00	
				Ges.	152,00	
5.	Endverbraucher: Kaufen warme Pommes frites.					152,00

Die Bemessungsgrundlage für die Umsatzsteuer ist der Anschaffungspreis, wobei alle Änderungen berücksichtigt werden müssen. Preisänderungen durch Nachlässe, Rabatte oder Skonti werden auf gesonderten Konten erfasst.

Merke

1. *Auf den Konten Rohstoffe und Erlöse wird nur der Nettowert, d.h. der
   Wert ohne USt. der eingekauften bzw. verkauften Waren, gebucht.*

2. *Auf den Konten Forderungen und Verbindlichkeiten wird der Brutto-
   wert, d.h. der Wert einschließlich der Umsatzsteuer, gebucht.*

3. *Das Konto Vorsteuer ist ein Aktivkonto.*

4. *Das Konto Umsatzsteuer ist ein Passivkonto.*

5. *Nachlässe und Rücksendungen kürzen die Verbindlichkeiten, den Wert
   der eingekauften Güter sowie der fremden Dienstleistungen und die
   Vorsteuer.*

6. *Erhaltene Skonti werden bei Wareneinkäufen als Ertrag auf einem
   gesonderten Konto erfasst, bei Beschaffung von Anlagen aber als
   Abzug auf dem entsprechenden Anlagekonto, z.B. Fuhrpark, gebucht.*

7. *Am Jahresende ist die noch nicht überwiesene Umsatzsteuer zu
   passivieren.*

8. *Wird beim Wareneinkauf bzw. -verkauf Rabatt gewährt, so wird dieser
   Abzug nicht extra gebucht.*

Übungsaufgabe 7

Es liegen folgende Anfangsbestände vor:
0500 Grundstücke 220.000,00; 0530 Gebäude 350.000,00; 0700 Maschinen 30.000,00; 0840 Fuhrpark 14.000,00; 0800 BGA 10.000,00;
2400 Forderungen 35.700,00; 2000 Rohstoffe 80.000,00; 2020 Hilfsstoffe 30.000,00; 2800 Bank 20.000,00; 2880 Kasse 5.000,00; 4250
Darlehen 400.000,00; 4400 Verbindlichkeiten 29.750,00; 4800 Umsatzsteuer 6.000,00 und 3000 Eigenkapital ?

- Richten Sie die Erfolgskonten nach Bedarf ein.
- Erstellen Sie ein Eröffnungsbilanzkonto.

● Bilden Sie für nachfolgende Geschäftsvorfälle die jeweiligen Buchungssätze.

Nr.	Geschäftsvorfälle	Soll	an	Haben	Soll	Haben
			Konten		**Betrag in €**	
1.	Wir kaufen Rohstoffe auf Ziel. € 29.750,00 (brutto)		an			
2.	Überweisung der USt.-Zahllast		an			
3.	Wir bezahlen eine Lieferantenrechnung durch Banküberweisung. € 11.900,00		an			
4.	Unser Kunde bezahlt eine offene Forderung durch Bank. € 3.570,00		an			
5.	Wir bezahlen eine Anzeigenrechnung durch Bank. € 178,50		an			
6.	Wir verkaufen eigene Erzeugnisse gegen Bankzahlung für € 119.000,00 (brutto).		an			
7.	Wir kaufen Hilfsstoffe auf Ziel. € 9.520,00 (brutto)		an			
8.	Wir bezahlen Paketgebühren. € 10,00		an			
9.	Wir überweisen die Löhne. € 3.000,00		an			
10.	Rohstoffverbrauch lt. Entnahmescheinen über € 15.000,00		an			

11.	Hilfsstoffverbrauch lt. Entnahmescheinen über € 20.000,00	an				
12.	Wir lassen unsere Maschinen instand halten. Die Zahlung erfolgt durch die Bank. € 23.800,00 (brutto)	an				
13.	Unsere Bank belastet uns mit Bankgebühren. € 30,00	an				
14.	Wir überweisen die Telefongebühren. € 119,00	an				
15.	Wir bezahlen die Rechnung von unserem Steuerberater durch Banküberweisung. € 4.760,00 (brutto)	an				

Schließen Sie die Konten über das Schlussbilanzkonto ab.

4.1.2 Aktivierungspflichtige Steuer

Momentan gibt es nur eine aktivierungspflichtige Steuer, nämlich die Grunderwerbsteuer, die beim Kauf von Grundvermögen anfällt. Diese Steuer gehört zu den Anschaffungskosten des Grundvermögens und darf den Gewinn nicht mindern, deshalb wird sie aktiviert.

Beispiel

Kauf eines Grundstücks für 100.000,00 €. An den Notar müssen 500,00 € + 19 % USt., an den Makler 3.500,00 € + 19 % USt. gezahlt werden, und für die Eintragung ins Grundbuch fallen 150,00 € Gebühren an. Die Grunderwerbsteuer beträgt 3,5 %. Buchen Sie die Anschaffung des Grunderwerbs.

Lösung:	
Grundstückspreis	100.000,00 €
Notar	500,00 €
Makler	3.500,00 €
Grundbucheintrag	150,00 €
Grunderwerbsteuer 3,5 % von 100.000,00 €	3.500,00 €
AK	107.650,00 €

Buchung:
0500 Unbebaute Grundstücke	107.650,00 €
2600 Vorsteuer	760,00 €
an 2800 Bank	108.410,00 €

4.1.3 Aufwandsteuer

Aufwandsteuern mindern den steuerlichen Gewinn und werden über das GuV-Konto abgeschlossen. Zu den Aufwandsteuern zählen die Kraftfahrzeugsteuer, die Grundsteuer und die Gewerbesteuer.

4.1.4 Durchlaufende Steuer

Eine echte durchlaufende Steuer ist die Lohnsteuer der Arbeitnehmer. Die Lohnsteuer belastet in der Regel nicht den Gewinn des Unternehmens. Oftmals wird auch die Umsatzsteuer als durchlaufende Steuer bezeichnet, allerdings wird die Umsatzsteuer mit der Vorsteuer verrechnet, weshalb es sich nicht mehr um eine tatsächliche durchlaufende Steuer handelt.

4.2 Nicht abzugsfähige Steuern

Personen- und Ertragssteuern sind vom Ertrag oder Gewinn zu zahlen. Sie werden aus dem steuerpflichtigen Gewinn berechnet und bei Einzel- oder Personengesellschaften als Einkommensteuer auf dem Privatkonto, bei Kapitalgesellschaften als Körperschaftsteuer auf dem Konto Steuern vom Einkommen und Ertrag gebucht.

4.2.1 Einkommensteuer

Einkommensteuerpflichtig sind alle natürlichen Personen, deren Wohnsitz oder gewöhnlicher Aufenthalt im Inland liegt. Sie werden in Deutschland nach dem Welteinkommensprinzip versteuert, d.h. dass alles, was diese Personen weltweit verdienen, der deutschen Einkommensteuer unterliegt. Werden Einkommensteuerbeträge über das betriebliche Bankkonto geleistet, so werden diese Zahlungen als Privatentnahmen gebucht.

4.2.2 Körperschaftsteuer

Körperschaftsteuerpflichtig sind nur juristische Personen. Dazu zählen z.B. eine GmbH oder eine Aktiengesellschaft. Die Körperschaftsteuer wird zwar auf einem Aufwandskonto gebucht, darf aber den steuerlichen Gewinn nicht mindern. Deshalb wird dieser „Aufwand" bei der Steuererklärung dem steuerlichen Gewinn wieder hinzugerechnet. Der Körperschaftsteuersatz beträgt einheitlich 25 % vom steuerpflichtigen Einkommen.

Beispiel

Eine AG zahlt 20.000,00 € Körperschaftsteuervorauszahlungen. Die übrigen Aufwendungen betragen 1 Mio. € und die Erlöse 2 Mio. €.

Lösung:

Soll		GuV zum 31.12.	Haben
Aufwendungen	1.000.000,00 €	Erträge	2.000.000,00 €
Körperschaftssteuer	20.000,00 €		
Gewinn	980.000,00 €		
	2.000.000,00 €		2.000.000,00 €

Dem Finanzamt wird folgender Gewinn gemeldet:	
Gewinn aus Gewerbebetrieb	980.000.000 €
+ Körperschaftsteuervorauszahlungen	20.000,00 €
zu versteuerndes Einkommen	1.000.000,00 €

4.2.3 Solidaritätszuschlag

Der Solidaritätszuschlag wird sowohl auf die Einkommensteuer, als auch auf die Körperschaftsteuer und die Lohnsteuer erhoben. Er beträgt 5,5 % der jeweiligen Steuer. Dieser Zuschlag darf den Gewinn nicht mindern und wird bei der Einkommensteuer auf das Privatkonto, bei der Körperschaftsteuer auf ein Aufwandskonto (mit späterer Hinzurechnung zum Gewinn) gebucht. Bei der Lohnsteuer wird der Solidaritätszuschlag von den Arbeitnehmern getragen und auf das Konto Verbindlichkeiten gegenüber dem Finanzamt gebucht. Für den Unternehmer ist sie hier erfolgsneutral.

4.3 Steuerliche Nebenleistungen

Steuerliche Nebenleistungen fallen an, wenn der Steuerpflichtige seine Steuern entweder gar nicht oder zu spät bezahlt. Je nach Steuerart kann dadurch der Gewinn gemindert werden.

Ein Säumniszuschlag wird immer dann erhoben, wenn die Steuern zu spät bezahlt werden. Er beträgt grundsätzlich 1 % pro angefangenen Monat. Wenn es sich um betriebliche Steuern handelt, wird der Säumniszuschlag in der Buchhaltung als Aufwand gebucht, wenn nicht, muss er privat bezahlt werden.

Der Verspätungszuschlag wird erhoben, wenn jemand die Steuererklärung mehrfach zu spät abgibt. Der Zuschlag kann bis zu 10 % der geschuldeten Steuer betragen und darf – genau wie der Säumniszuschlag – als Aufwand gebucht werden.

Übungsaufgabe 8

Nr.	Geschäftsvorfälle	Konten			Betrag in €	
		Soll	an	Haben	Soll	Haben
1.	Wir überweisen die Gewerbesteuer durch Bank. € 5.000,00		an			
2.	Die Grunderwerbsteuer beträgt € 10.000,00 (Bank).		an			
3.	Das Finanzamt setzt Säumniszuschläge für die verspätete Zahlung der Umsatzsteuerzahllast fest. € 30,00 (Bank)		an			
4.	Überweisung der USt.-Zahllast in Höhe von € 3.000,00		an			
5.	Unser Steuerberater schickt folgende Gebührenrechnung: Erstellung der Bilanz € 2.500,00, der GewSt-Erklärung € 500,00, der ESt.-Erklärung € 1.000,00 zuzüglich jeweils 19 % USt. (Bank).		an			
6.	Überweisung der ESt.-Vorauszahlung durch Bank € 4.000,00		an			
7.	Säumniszuschläge zu Nr. 6 € 40,00		an			
8.	Wir bezahlen die Kfz-Steuer durch Onlinebanking. € 800,00		an			

| 9. | Rückerstattung der Kfz-Steuer in Höhe von € 100,00 auf das betriebliche Bankkonto für das Privatfahrzeug | an | | | |
| 10. | Die Grundsteuer wird überwiesen. € 300,00 | an | | | |

4.4 Einteilung der Steuern gemäß Steuerrecht

Während die Einteilung der Steuern aus buchhalterischer Sicht lediglich nach der Prämisse erfolgt, wie sich die Steuern auf das betriebliche Ergebnis auswirken, wird die Einteilung gemäß Steuerrecht im Allgemeinen danach vorgenommen, wer die Steuereinnahmen erhält. Grundsätzlich haben der Bund, die Länder, die Gemeinden und teilweise auch die EU Anspruch auf Steuergelder. Eine andere Unterteilungsmöglichkeit ist die Aufgliederung in Besitzsteuern, Verkehrsteuern und Verbrauchsteuern.

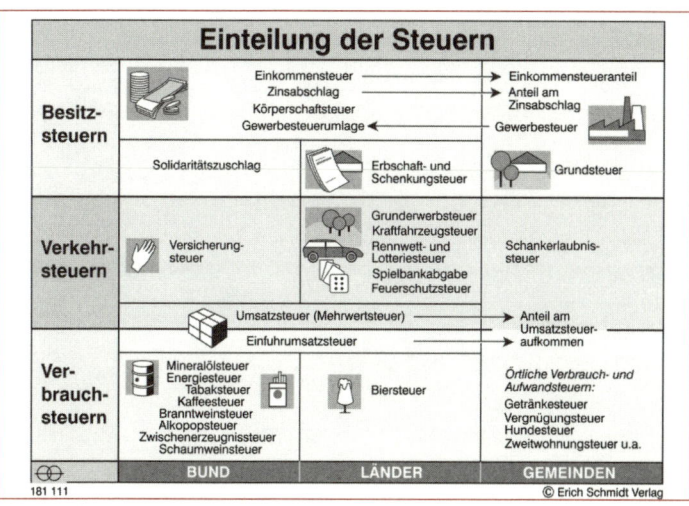

Abb. 4.1: Einteilung der Steuern

Frage	Antwort
1. Mit welcher Steuer wird der Ertrag besteuert?	
2. Welche steuerlichen Nebenleistungen kennen Sie?	
3. Wie hoch ist der Säumniszuschlag?	
4. Nennen Sie zwei Aufwandsteuern.	
5. Über welches Konto wird die Grunderwerbsteuer gebucht?	
6. Nennen Sie eine durchlaufende Steuer.	
7. Wann fällt die Umsatzsteuer an?	
8. Was versteht man unter Zahllast?	
9. Was versteht man unter Traglast?	
10. Wer ist einkommensteuerpflichtig?	

Aufgaben zur Selbstkontrolle

5 Bewertungsvorschriften

Das Buchen vorliegender Belege stellt die eine Seite der Buchführung dar, die Bilanzierung, also das Erstellen der Bilanz, die andere Seite. Während bei der Buchführung die Beträge gebucht werden, die jeweils auf den Belegen ausgewiesen sind, muss bei der Erstellung der Bilanz dagegen genau abgewägt werden, welcher Wert angesetzt werden soll. Hierfür gibt es eine Reihe von verbindlichen Vorschriften.

5.1 Allgemeine Bewertungsvorschriften

Die Bewertung ergibt sich zum einen aus dem Handelsrecht und zum anderen aus dem Steuerrecht. Für beide Gesetzbücher gelten folgende Prinzipien:

1. Das Prinzip der Bilanzidentität besagt, dass die Schlussbilanz identisch mit der Eröffnungsbilanz sein muss.

2. Gemäß dem Prinzip der Unternehmensfortführung (Going-Concern-Prinzip) müssen Vermögensgegenstände so bewertet werden, dass man von einer Fortführung des Betriebs ausgehen kann.

3. Das Prinzip der kaufmännischen Vorsicht besagt, dass die Aktivseite der Bilanz so niedrig wie möglich, die Passivseite jedoch so hoch wie möglich anzusetzen ist. Für das Vermögen einer Firma gilt demnach das Niederstwertprinzip. Während für das Anlagevermögen das gemilderte Niederstwertprinzip angewendet wird, findet für das Umlaufvermögen dagegen das strenge Niederstwertprinzip Anwendung. Laut gemildertem Niederstwertprinzip darf, wenn eine vorübergehende Wertminderung im Bereich des Anlagevermögens vorliegt, gewählt werden, ob eine Wertkorrektur stattfinden soll oder nicht. Diese Regelung gilt aber nur noch im Handelsrecht, nicht im Steuerrecht! Das strenge Niederstwertprinzip für das Umlaufvermögen besagt, dass bei einer auch nur vorübergehenden Wertminderung sofort eine Wertminderung in der Bilanz stattfinden muss. Im Steuerrecht ist eine Teilwertabschreibung nur möglich, wenn die Wertminderung dauerhaft ist! Für die Schulden des Kaufmanns gilt das Höchstwertprinzip. Danach muss, wenn man zwischen zwei verschiedenen Wertansätzen wählen kann, stets der höchste Wert genommen werden. Das Realisationsprinzip besagt, dass nicht realisierte Gewinne nicht ausgewiesen werden dürfen, drohende Verluste aber sofort berücksichtigt werden

müssen. Wegen der Ungleichbehandlung von Gewinn und Verlust spricht man auch vom Imparitätsprinzip.

4. Das Prinzip der besseren Erkenntnis besagt, dass Ereignisse, die erst nach dem Bilanzstichtag bekannt werden, in der Bilanz berücksichtigt werden müssen, wenn die Wertbegründung vor dem Bilanzstichtag entsteht.

5. Das Prinzip der Einzelbewertung besagt, dass Wirtschaftsgüter grundsätzlich einzeln bewertet werden müssen. Eine Ausnahme von dieser Vorschrift bildet lediglich das Vorratsvermögen.

6. Das Prinzip der periodengerechten Abgrenzung fordert, dass Aufwendungen und Erträge für das Geschäftsjahr dort erfasst werden, wo sie wirtschaftlich angefallen sind.

7. Das Prinzip der Stetigkeit verlangt, dass die Bilanzierung jedes Jahr gleichbleibend erfolgt. Dabei unterscheidet man zwischen der formellen und der materiellen Stetigkeit. Die formelle Stetigkeit bezieht sich auf die Bilanzgliederung, d.h. die Bilanzpositionen müssen jährlich an gleicher Stelle ausgewiesen werden. Die materielle Stetigkeit verlangt, dass die einmal gewählte Form der Bewertung beibehalten wird.

Merke

Als Faustregel für die Bewertung des Vermögens gilt, dass die Anschaffungs- oder Herstellungskosten immer die Obergrenze darstellen.

5.2 Vorräte

Vorräte zählen zum Umlaufvermögen und sind mit den Anschaffungsbzw. Herstellungskosten anzusetzen. Notwendige Anschaffungsnebenkosten gehören ebenfalls zu den AK bzw. HK. Preisminderungen (Skonti, Boni, Rabatte) mindern den Wert der Vorräte.

Die Vorräte werden eingeteilt in:
1. Rohstoffe
2. Hilfsstoffe
3. Betriebsstoffe
4. Fertige Erzeugnisse

5. Unfertige Erzeugnisse
6. Handelswaren
7. Geleistete Anzahlungen

5.2.1 Kauf und Verbrauch von Roh-, Hilfs- und Betriebsstoffen (R-H-B)

Ein wesentlicher Bestandteil der HK sind die Materialkosten, die aus Einzelkosten und Gemeinkosten bestehen. Das Fertigungsmaterial zählt zu den Einzelkosten, die jedem Erzeugnis unmittelbar zugerechnet werden können. Dazu gehören die Rohstoffkosten. Die Gemeinkosten sind Kosten, die den Erzeugnissen nur mittelbar mit Hilfe von Zuschlagsätzen zugerechnet werden können. Dazu gehören die Hilfsstoffkosten (z.B. Kosten für den Verbrauch von Scharnieren, Leim etc.) und die Betriebsstoffkosten (z.B. Kosten für den Verbrauch von Brennstoffen, Strom bzw. Treibstoffen etc.). Rohstoffe sind Hauptbestandteile und Hilfsstoffe Nebenbestandteile, die stofflich in das Fertigerzeugnis eingehen. Betriebsstoffe gehen stofflich nicht in das Fertigerzeugnis ein.

Bevor Roh-, Hilfs- und Betriebsstoffe verbraucht werden, bucht man sie auf den entsprechenden Bestands- bzw. Aufwandskonten. Fallen bei diesem Eingang von R-H-B Anschaffungsnebenkosten (ANK) an, so werden diese auf entsprechende ANK-Konten gebucht. Die ANK-Konten werden über die entsprechenden Warenkonten abgeschlossen.

Für die Erfassung des Vorratsvermögens gibt es zwei Verfahren. Ein Unternehmen kann entweder bestandsorientiert oder aufwandsorientiert arbeiten. Während sich im industriellen Rechnungswesen das bestandsorientierte Arbeiten durchgesetzt hat, arbeitet der Handel überwiegend aufwandsorientiert. Steuerrechtlich gesehen spielt es keine Rolle, für welches Verfahren sich ein Betrieb entscheidet, da die Ertragsteuern Jahressteuern sind und die Buchungen sich zum Jahresende – bedingt durch die Inventur – angleichen.

Industriebetriebe, die sich für das Just-in-time-Verfahren entschieden haben, werden aufwandsorientiert arbeiten. Für die Kostenrechnung ist dabei zu bedenken, dass der Materialaufwand u. U. zu hoch ausgewiesen wird, wenn nicht bestandsorientiert gebucht wird.

Bei der bestandsorientierten Buchung dagegen werden alle Zugänge auf das Bestandskonto Rohstoffe bzw. Hilfsstoffe gebucht. Bei einem

Verbrauch von Materialien wird mit Hilfe eines Materialentnahmescheins der Aufwand erfasst.

	Beispiel
Kauf von Rohstoffen auf Ziel für	100.000,00 €
1. Bestandsorientierte Buchung:	
2000 Rohstoffe	100.000,00 €
2600 Vorsteuer	19.000,00 €
an 4400 Verbindlichkeiten	119.000,00 €
2. Aufwandsorientierte Buchung:	
6000 Aufwendungen für Rohstoffe	100.000,00 €
2600 Vorsteuer	19.000,00 €
an 4400 Verbindlichkeiten	119.000,00 €

Der Verbrauch von R-H-B kann anhand von zwei Methoden festgestellt werden, nämlich unmittelbar durch die laufende Erfassung während des Herstellungsprozesses mit Hilfe von Materialentnahmescheinen und mittelbar durch Inventuren in regelmäßigen zeitlichen Abständen und durch einen Bestandsvergleich. Im ersten Fall wird der Verbrauch gebucht, sobald die Stoffe vom Lager in die Fertigung gegeben werden. Im zweiten Fall erfolgt die Buchung nach Durchführung des Bestandsvergleichs, z.B. monatlich, vierteljährlich oder jährlich. Hierzu wird folgende Rechnung durchgeführt:

Anfangsbestand lt. Inventur
+ Zugänge
= **Zwischensumme**
– Endbestand lt. Inventur
= **Verbrauch**

Der Verbrauch an R-H-B wird auf den Kostenartenkonten (Aufwand) gebucht und auf den Bestandskonten gegen gebucht, z.B.:
- 6000 Rohstoffverbrauch an 2000 Rohstoffe
- 6010 Hilfsstoffverbrauch an 2010 Hilfsstoffe
- 6020 Betriebsstoffverbrauch an 2020 Betriebsstoffe

> **Beispiel**
>
> Laut Materialentnahmeschein wurden 30.000,00 € Rohstoffe für die Produktion verbraucht. Der Rohstoffbestand vermindert sich dadurch um 30.000,00 € es findet also eine Bestandsveränderung statt.
>
> **Buchung:**
> 6000 Aufwendungen für Rohstoffe 30.000,00 €
> an 2000 Rohstoffe 30.000,00 €

5.2.2 Bestandsveränderungen der unfertigen und fertigen Erzeugnisse

In der Regel gibt es zum Bilanzstichtag eine Differenz zwischen dem Anfangs- und Endbestand an unfertigen bzw. fertigen Erzeugnissen. Grundsätzlich wird der Bestand an fertigen und unfertigen Erzeugnissen zum Bilanzstichtag durch eine Inventur ermittelt. Die Bestände an unfertigen und fertigen Erzeugnissen werden dabei auf eigens dafür eingerichteten Konten aktiviert. Auf diesen Konten werden jeweils nur der Anfangsbestand und der Schlussbestand erfasst. Die Bestandsveränderungen werden auf den Konten

- 5200 Bestandsveränderungen – unfertige Erzeugnisse
- 5201 Bestandsveränderungen – fertige Erzeugnisse

erfasst.

Die Bestandsveränderung wird durch die Inventur errechnet und mit den Herstellungskosten bewertet.

S	2100 Unfertige Erzeugnisse		H
AB	80.000,00 €	Bestandsver.	20.000,00 €
		EB	60.000,00 €
	80.000,00 €		80.000,00 €

S	2200 Fertige Erzeugnisse		H
AB	110.000,00 €	EB	150.000,00 €
Bestandsver.	40.000,00 €		
	150.000,00 €		150.000,00 €

5.2.3   Ermittlung der Anschaffungskosten (AK)

Unter Anschaffungskosten versteht man den Anschaffungspreis zuzüglich aller Nebenkosten, die notwendig sind, um den Gegenstand in einen betriebsbereiten Zustand zu versetzen. Preisminderungen sind abzuziehen.

5.2.4   Ermittlung der Herstellungskosten (HK)

Die Rechtsgrundlage für die Ermittlung der Herstellungskosten nach Handelsrecht bildet § 255 Absatz 2 HGB, für das Steuerrecht R 6 EStR. Für beide Gesetze gibt es je einen Mindest- und einen Höchstansatz.

Der handelsrechtliche Mindestansatz beinhaltet die Einzelkosten, also:

Fertigungsmaterial (FM)
+ Fertigungslohn (FL)
+ Sondereinzelkosten der Fertigung (SEKF)
= **Mindestansatz (HK I)**

Als handelsrechtlicher Höchstansatz ist vorgesehen:

Fertigungsmaterial (FM)
+ Materialgemeinkosten (MGK)
= **Materialkosten (MK)**
+ Fertigungslohn (FL)
+ Fertigungsgemeinkosten (FGK)
+ Sondereinzelkosten der Fertigung (SEKF)
= **Fertigungskosten (FK)**
+ Verwaltungsgemeinkosten (VwGK)
= **Höchstansatz (HK III)**

Der steuerrechtliche Mindestansatz sieht wie folgt aus:

Fertigungsmaterial (FM)
+   Materialgemeinkosten (MGK)
= **Materialkosten (MK)**
+   Fertigungslohn (FL)
+   Fertigungsgemeinkosten (FGK)
+   Sondereinzelkosten der Fertigung (SEKF)
= **Fertigungskosten (FK)**
= **Mindestansatz (HK II)**

und der steuerrechtliche Höchstansatz:

Mindestansatz (HK II)
+   Verwaltungsgemeinkosten
= **Höchstansatz (HK III)**

Je nach Unternehmensziel wird der Höchst- bzw. Mindestansatz gewählt. Grundsätzlich darf handelsrechtlich auch die HK II bilanziert
werden.

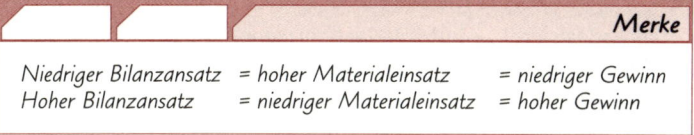

Merke

Niedriger Bilanzansatz   = hoher Materialeinsatz   = niedriger Gewinn
Hoher Bilanzansatz   = niedriger Materialeinsatz   = hoher Gewinn

Die Einzelkosten (Material und Löhne) ergeben sich aus der Buchhaltung. Für die Materialbeschaffung gibt es Rechnungen und für die Fertigungslöhne Lohnabrechnungen.

Die Gemeinkosten ergeben sich aus dem Betriebsabrechnungsbo-
gen. Dieser wird in der Kostenrechnung erstellt. Bei der Bilanzierung
muss darauf geachtet werden, dass in den Gemeinkosten keine kalku-
latorischen Kosten enthalten sind, denn diese dürfen nicht bilanziert
werden.

Beispiel

Es liegt folgender BAB vor:

Kostenarten	Zahlen der KLR	I Material	II Fertigung	III Verwaltung	IV Vertrieb
Hilfslöhne	20.000	3.000	12.000	0	5.000
Gehälter	40.000	5.000	8.000	20.000	7.000
Raumkosten	8.000	1.900	4.500	1.000	600
Versicherungen	1.200	300	500	200	200
Allg. Verwaltungsk.	20.000	5.000	9.000	5.000	1.000
Summe der Gemeink.	89.200	15.200	34.000	26.200	13.800
Zuschlagsgrundlagen		63.000	20.000	132.200	132.200
Ist-Zuschlagssätze		24,13 %	170,00 %	19,82 %	10,44 %

Ein Automobilhersteller benötigt für die Geschäftsleitung einen Firmenwagen. Die Fertigung bekommt den Auftrag, das Auto zu produzieren. Es entstehen Kosten von 20.000,00 € für den Materialverbrauch und 15.000,00 € für die Fertigungslöhne. Mit welchem Wert wird das Auto bilanziert?

Lösung:

Das Handelsrecht gestattet drei verschiedene Ansätze, HK I, HK II und HK III, das Steuerrecht hingegen nur zwei Ansätze, HK II und HK III.

Fertigungsmaterial		20.000,00 €	
Fertigungslöhne		15.000,00 €	
Herstellungskosten I			**35.000,00 €**
Fertigungsmaterial		20.000,00 €	
Materialgemeinkosten	24,13 %	4.826,00 €	
Materialkosten			**24.826,00 €**
Fertigungslöhne		15.000,00 €	
Fertigungsgemeinkosten	170,00 %	25.500,00 €	
Fertigungskosten			40.500,00 €
Herstellungskosten II			65.326,00 €
Verwaltungsgemeinkosten	19,82 %		12.947,61 €
Herstellungskosten III			**78.273,61 €**

Übungsaufgabe 9

Die Fertigung eigener Erzeugnisse verursachte folgende Kosten:

Fertigungsmaterial	10.000 €
Fertigungslöhne	20.000 €
MGK	15 %
FGK	80 %
VwGK	10 %
VtGK	12 %

Ermitteln Sie die HK I, HK II und HK III zum 31. Dezember 20xx.

5.2.5 Bewertung der Vorräte

Die Anschaffung der Vorräte ist eine Seite der Bilanzierung, ihre Bewertung hingegen eine andere. Steuerrechtlich gesehen gilt zwar das Prinzip der Einzelbewertung, aus Gründen der Vereinfachung sind aber auch die Gruppenbewertung (R 6 Abs. 4 EStR), die Festbewertung (R 6 Abs. 5) und die Durchschnittsmethoden (R 6 Abs. 3) zulässig.

Die allgemeinen Bewertungsgrundsätze des § 242 HGB verlangen grundsätzlich eine Einzelbewertung, die sich in der Praxis allerdings nicht realisieren lässt. Aus diesem Grund haben sich diverse Vereinfachungsverfahren für die Bewertung entwickelt. Zu nennen sind hier:

1. Bewertung nach gewogenem Durchschnitt
2. Bewertung nach Verbrauchsfolgeverfahren:
   - Lifo-Verfahren
   - Fifo-Verfahren
   - Hifo-Verfahren
3. Retrograde Bewertung

Bewertung nach gewogenem Durchschnitt

Vorräte sind grundsätzlich mit den Anschaffungs- bzw. Herstellungskosten zu bilanzieren. Da das Vorratsvermögen in der Regel aus vielen Einzelteilen besteht und eine Einzelbewertung deshalb nicht in Frage kommt, hat sich die Durchschnittsmethode in der Praxis gut bewährt. Der Durchschnitt kann auf zwei verschiedene Arten gebildet werden.

Die einfachste Form ist der gewogene Durchschnitt. Er wird ermittelt, indem aus Anfangsbestand und Zugängen jährlich ein gewogener Durchschnittswert der Anschaffungskosten gebildet wird. Das ermittelte Ergebnis wird mit der Menge des Endbestandes multipliziert und ergibt so den Bilanzansatz zum Jahresende.

Beispiel

Eine Firma hat im Laufe eines Jahres folgende Zugänge von Rohstoffen zu verzeichnen:

Anfangsbestand am 01.01.	1.000 Stück à 3,50 €	= 3.500,00 €
Zugang am 15.03.	1.500 Stück à 3,00 €	= 4.500,00 €
Zugang am 15.11.	500 Stück à 4,00 €	= 2.000,00 €

Der Endbestand laut Inventur beträgt 2.200 Stück.

Wie hoch ist der Bilanzansatz?

Lösung:

Anfangsbestand am 01.01.	1.000 Stück à 3,50 €	= 3.500,00 €
Zugang am 15.03.	1.500 Stück à 3,00 €	= 4.500,00 €
Zugang am 15.11.	500 Stück à 4,00 €	= 2.000,00 €
Gesamt	3.000 Stück	= 10.000,00 €
	$\dfrac{10.000,00 \text{ €}}{}$	
Durchschnittswert bei	3.000 Stück	= 3,33 € pro Stück
Bilanzansatz:	**2.200 Stück à 3,33 €**	**= 7.333,00 €**

Eine differenziertere Methode ist die Ermittlung eines gleitenden Durchschnittswertes. Sobald eine Bewegung (Zugang bzw. Abgang) stattfindet, wird ein neuer Durchschnittswert ermittelt. Mit diesem neuen Wert wird der nachfolgende Abgang bewertet.

Beispiel

Anfangsbestand am 01.01.	1.000 Stück à 3,50 €	= 3.500,00 €
Zugang am 15.03.	1.500 Stück à 3,00 €	= 4.500,00 €
Zugang am 15.11.	500 Stück à 4,00 €	= 2.000,00 €

Folgende Abgänge lagen vor:
200 Stück am 01.02.
400 Stück am 18.05.
200 Stück am 27.11.

Lösung:

	Menge	Einzelwert	Gesamtwert
Anfangsbestand	1.000	3,50 €	3.500,00 €
Abgang am 01.02.	200	3,50 €	700,00 €
Bestand am 01.02.	800	3,50 €	2.800,00 €
Zugang 15.03.	1.500	3,00 €	4.500,00 €
Bestand am 15.03.	2.300	3,17 €	7.300,00 €
Abgang am 18.05.	400	3,17 €	1.269,60 €
Bestand am 18.05.	1.900	3,17 €	6.030,40 €
Zugang am 15.11.	500	4,00 €	2.000,00 €
Bestand am 15.11.	2.400	3,35 €	8.030,40 €
Abgang am 27.11.	200	3,35 €	669,20 €
Bestand am 31.12.	2.200	3,35 €	7.361,20 €

Bilanzansatz: 2.200 Stück à 3,35 € = 7.361,20 €

Nach § 240 (4) HGB darf diese Durchschnittsbewertung für gleichartige Vermögensgegenstände des Vorratsvermögens verwendet werden. Auch das Steuerrecht hat dieses Verfahren anerkannt. Kapitalgesellschaften müssen jedoch im Anhang darauf hinweisen, wenn sie die Bewertung nach dem Durchschnittsverfahren durchführen. In diesem Fall muss die Differenz zwischen der Bewertung auf der Grundlage des letzten vor dem Abschlussstichtag bekannten Börsenkurses oder Marktpreises und dem Durchschnittswert erläutert werden. Für gleich-

artige Gegenstände des Vorratsvermögens können Verbrauchsfolge-
fiktionen gemäß § 256 HGB gewählt werden.

Grundsätzlich können alle Verfahren gewählt werden, die nicht gegen die GoB verstoßen. Allerdings muss immer das Prinzip der Stetigkeit (§ 252 Abs.1 Nr. 6 HGB) beachtet werden. Ein willkürlicher Wechsel
zwischen den Verfahren ist nicht zulässig. Sprechen zwingende Gründe
für einen Wechsel, dann muss dies in jedem Fall erläutert werden.

Bewertung nach Verbrauchsfolgeverfahren Lifo (Last in – first out)

Bei der Lifo-Methode wird unterstellt, dass die zuletzt angeschafften
oder hergestellten Vorräte zuerst veräußert oder verbraucht werden.
Diese Methode wird sowohl im Steuerrecht als auch im Handelsrecht
anerkannt (§ 256 Satz 1 HGB: „...kann für den Wertansatz gleichartiger
Vermögensgegenstände des Vorratsvermögens unterstellt werden,
dass die zuerst oder zuletzt angeschafften oder hergestellten Vermögensgegenstände zuerst oder in einer sonstigen bestimmten Folge verbraucht oder veräußert worden sind").

Bei der Lifo-Methode kann entweder die einfache Perioden-Lifo-Methode gewählt werden oder die permanente Perioden-Lifo-Methode
(gleitende Form der Lifo-Bewertung). Allerdings ist die permanente
Lifo-Methode sehr zeitaufwendig und in der Praxis eher unüblich, da sie
eine laufende mengen- und wertmäßige Erfassung aller Zu- und Abgänge voraussetzt.

Beispiel

Anfangsbestand am 01.01.	1.000 Stück à 3,50 €	= 3.500,00 €
Zugang am 15.03.	1.500 Stück à 3,00 €	= 4.500,00 €
Zugang am 15.11.	500 Stück à 4,00 €	= 2.000,00 €

Inventurbestand 2.200 Stück

Lösung:

Nach der einfachen Lifo-Methode wird wie folgt bewertet:

	1.000 Stück à 3,50 €	= 3.500,00 €
	1.200 Stück à 3,00 €	= 3.600,00 €
	Bilanzansatz 31.12.	**= 7.100,00 €**

Die Lifo-Methode ist auch gemäß Steuerrecht zulässig (§ 6 (1) Nr. 2a EStG i.V. m. R 6a (1) EStR).

Bewertung nach Verbrauchsfolgeverfahren Fifo (First in – first out)

Bei der Bewertung nach der Fifo-Methode wird davon ausgegangen, dass die zuerst angeschafften Wirtschaftsgüter auch zuerst veräußert werden. Laut Handelsrecht ist Fifo (§ 256 HGB) ausdrücklich gestattet, gemäß Steuerrecht dagegen nicht. So besagt die Richtlinie 6: „Andere Bewertungsverfahren mit unterstellter Verbrauchs- oder Veräußerungsfolge als die in § 6 Abs. 1 Nr. 2a EStG genannte Lifo-Methode sind nicht zulässig." Eine Begründung dafür, warum die Fifo-Methode nicht zulässig ist, gibt das Steuerrecht jedoch nicht.

Beispiel

Anfangsbestand am 01.01.	1.000 Stück à 3,50 €	= 3.500,00 €
Zugang am 15.03.	1.500 Stück à 3,00 €	= 4.500,00 €
Zugang am 15.11.	500 Stück à 4,00 €	= 2.000,00 €

Inventurbestand 2.200 Stück

Lösung:

Nach der Fifo-Methode wird wie folgt bewertet:

	500 Stück à 4,00 €	= 2.000,00 €
	1.500 Stück à 3,00 €	= 4.500,00 €
	200 Stück à 3,50 €	= 700,00 €
	Bilanzansatz 31.12.	= **7.200,00 €**

Bewertung nach Verbrauchsfolgeverfahren Hifo (Highest in – first out)

Bei der Hifo-Methode wird davon ausgegangen, dass die Vermögensgegenstände mit den höchsten AK oder HK zuerst veräußert werden. Die Bewertung der Endbestände erfolgt dementsprechend mit den niedrigsten AK oder HK. Die Hifo-Methode ist steuerrechtlich nicht zulässig, handelsrechtlich darf sie nur dann angewandt werden, wenn sie mit den GoB vereinbar ist. Wenn es technisch unmöglich ist, nach der Hifo-Methode zu bewerten, weil beispielsweise das Vorratsvermögen aus verderblichen Erzeugnissen wie Lebensmitteln besteht, darf dieses Verfahren nicht gewählt werden.

			Beispiel
Anfangsbestand am 01.01.	1.000 Stück à 3,50 €	= 3.500,00 €	
Zugang am 15.03.	1.500 Stück à 3,00 €	= 4.500,00 €	
Zugang am 15.11.	500 Stück à 4,00 €	= 2.000,00 €	
Inventurbestand 2.200 Stück			

Lösung:

Nach der Hifo-Methode wird wie folgt bewertet:

	1.500 Stück à 3,00 €	= 4.500,00 €
	700 Stück à 3,50 €	= 2.450,00 €
	Bilanzansatz 31.12.	**= 6.950,00 €**

Die Anwendung der Verbrauchsfolgeverfahren dient der einfacheren Ermittlung des Bilanzansatzes. Allerdings muss das strenge Niederstwertprinzip (§ 253 Abs. 3 HGB) beachtet werden. Liegt ein niedrigerer beizulegender Wert bzw. Teilwert vor, so muss dieser angesetzt werden. In diesem Fall wird die Stetigkeit unterbrochen.

Die o. g. Beispiele haben nun folgende Werte ergeben:
1. Einfacher gewogener Durchschnitt pro Stück 3,33 €   = 7.333,00 €
2. Periodendurchschnitt   pro Stück 3,35 €   = 7.362,00 €
3. Lifo   pro Stück 3,23 €   = 7.100,00 €
4. Fifo   pro Stück 3,27 €   = 7.200,00 €
5. Hifo   pro Stück 3,16 €   = 6.950,00 €

Geht man jetzt noch von einem Marktpreis bzw. einem Teilwert in Höhe von 3,00 € aus, gäbe es noch einen Ansatz:
6. Marktpreis bzw. Teilwert   pro Stück 3,00 €   = 6.600,00 €

Unterstellt man außerdem, dass dieser Marktpreis eine dauerhafte Wertminderung darstellt, dann muss zum Bilanzstichtag die Stetigkeit unterbrochen werden und der niedrigere Wert in der Bilanz angesetzt werden. Fällt der Grund für die Teilwertabschreibung weg, d.h. der

Teilwert erhöht sich wieder, ist eine Zuschreibung gemäß § 6 Absatz 2 EStG zwingend vorgeschrieben.

Retrograde Bewertung

Liegen in einem Unternehmen so genannte „Ladenhüter" vor, die nicht mehr zum regulären Verkaufspreis veräußert werden können, kommt eine retrograde Bewertung in Frage. Dabei haben sich zwei Verfahren bewährt, nämlich die Formelmethode und die Subtraktionsmethode. Die Formelmethode ist eine vereinfachte Methode, die für die Steuerpflichtigen gedacht ist, die keine Kostenrechnung betreiben.

$$X = \frac{Z}{(1 + Y_1 + Y_2 \times W)}$$

Anmerkung:

X = Teilwert
Z = erzielbarer Verkaufspreis
Y_1 = $\emptyset$ Unternehmergewinn %
Y_2 = Rohgewinnaufschlagsatz
W = % der Kosten, der nach Abzug des $\emptyset$ Unternehmergewinns vom Rohgewinnaufschlag nach dem Bilanzstichtag entsteht

---

Beispiel

Eine Firma hat den Warenbestand von Handelswaren zu bewerten. Die Anschaffungskosten betrugen 1.000,00 €. Die Firma rechnet mit einem durchschnittlichen Rohgewinnaufschlagsatz von 120 % der Anschaffungskosten. Der noch erzielbare Verkaufspreis beträgt 50 % des ursprünglichen Verkaufspreises (50 % von 2.500,00 € = 1.250,00 €). Der durchschnittliche Unternehmergewinn beträgt 20 % des ursprünglichen Verkaufspreises, das entspricht 50 % der Anschaffungskosten. Die nach dem Bilanzstichtag noch anfallenden betrieblichen Kosten, d.h. der dann noch anfallende Kostenanteil des ursprünglichen Rohgewinnaufschlagsatzes ohne den hierin enthaltenen Gewinnanteil, werden auf 30 % geschätzt. Berechnen Sie den zulässigen Bilanzansatz.

Lösung:

$$X = \frac{1.250}{[1 + 50\,\% + (70 \times 30\,\%)]}$$

$$X = \frac{1.250}{[1 + 0,5 + (0,7 \times 0,3)]}$$

$$X = \frac{1.250}{1,5 + 0,21}$$

$$X = \frac{1.250}{1,71}$$

$$X = 730,99 \text{ €, gerundet } 731,00 \text{ €}$$

Der Bilanzansatz der Handelswaren beträgt 731,00 €.

Die Subtraktionsmethode setzt voraus, dass aus der Betriebsabrechnung die nach dem Bilanzstichtag bei den einzelnen Kostenarten jeweils noch anfallenden Kosten ersichtlich sind. Die Ermittlung des Bilanzansatzes kann nach folgendem Schema vorgenommen werden:

Voraussichtlicher Verkaufserlös
– bis zum Verkauf anfallende Kosten
– erwartete Erlösschmälerungen

= Teilwert

Diese Bewertungsmethode berücksichtigt die nach dem Imparitätsprinzip gebotene verlustfreie Bewertung. Bei der verlustfreien Bewertung möchte man Verluste aus der laufenden Geschäftsperiode nicht in die nächste (neue) Periode übernehmen. Es ist bei der Ermittlung des handelsrechtlichen Bewertungsmaßstabes nicht gestattet, einen durchschnittlichen Unternehmergewinn von den geschätzten Verkaufserlösen anzusetzen. Steuerrechtlich ist gegen den Ansatz eines durchschnittlichen Unternehmergewinns wiederum nichts einzuwenden (R 6 Abs. 2).

Beispiel

Ein Unternehmen hat am Bilanzstichtag so genannte „Ladenhüter" auf Lager. Die Anschaffungskosten lagen bei 2.500,00 €; der Verkaufspreis sollte ursprünglich 3.700,00 € (netto) betragen, musste jedoch auf 1.900,00 € herabgesetzt werden. Dieser Preis konnte später auch realisiert werden. Nach dem Bilanzstichtag fielen noch Verwaltungs- und Vertriebskosten in Höhe von 250,00 € an. Der durchschnittliche Unternehmergewinn beträgt 30 %.

Lösung:	
Herabgesetzter Verkaufspreis	1.900,00 €
– noch anfallende Kosten:	
Verwaltungs- und Vertriebsgemeinkosten	– 250,00 €
Ø Unternehmergewinn	
30 % v. 1.900,00	– 570,00 €
Teilwert	**1.080,00 €**
Anschaffungskosten	2.500,00 €
– Teilwert	– 1.080,00 €
Teilwertabschreibung	**1.420,00 €**
Probe:	
Anschaffungskosten	2.500,00 €
+ Verwaltungs- und Vertriebsgemeinkosten	250,00 €
Selbstkosten	2.750,00 €
+ Gewinn 30 % v. 1.900,00	570,00 €
Verkaufspreis	3.320,00 €
– später erzielter Verkaufspreis	– 1.900,00 €
Teilwertabschreibung	**1.420,00 €**

5.2.6   Besonderheiten des Beschaffungsmarktes

Werden Roh-, Hilfs- und Betriebsstoffe gekauft, gibt es oftmals Nachlässe, Rabatte, Boni und Skonti, aber auch Bezugskosten in Form von Fracht- und Verpackungskosten. Laut Definition der Anschaffungskosten in § 255 HGB müssen diese Nebenkosten bzw. Nachlässe von den Anschaffungskosten zu- bzw. abgerechnet werden. Folgende Konten können eingerichtet werden:

Hauptkonten		Unterkonten	
Konto-Nr.	Bezeichnung	Konto-Nr.	Bezeichnung
2000	Rohstoffe	2001	Bezugskosten
		2002	Nachlässe
2020	Hilfsstoffe	2021	Bezugskosten
		2022	Nachlässe
2030	Betriebsstoffe	2031	Bezugskosten
		2032	Nachlässe
6000	Aufwendungen für Rohstoffe	6001	Bezugskosten
		6002	Nachlässe
6020	Aufwendungen für Hilfsstoffe	6021	Bezugskosten
		6022	Nachlässe
6030	Aufwendungen für Betriebsstoffe	6031	Bezugskosten
		6032	Nachlässe

Die Unterkonten müssen über die Hauptkonten abgeschlossen werden.

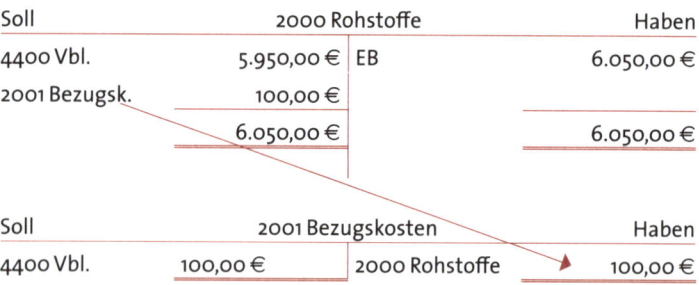

Soll	2000 Rohstoffe		Haben
4400 Vbl.	5.950,00 €	EB	6.050,00 €
2001 Bezugsk.	100,00 €		
	6.050,00 €		6.050,00 €

Soll	2001 Bezugskosten		Haben
4400 Vbl.	100,00 €	2000 Rohstoffe	100,00 €

Merke

Wird beim Kauf eines Anlagegutes (z.B. Betriebsausstattung) ein Skonto gewährt, muss die Preisminderung direkt über das Anlagekonto gebucht werden.

> **Beispiel**
>
> 1. Kauf von Rohstoffen auf Ziel für 11.900,00 €
>
> **Buchung:**
>
> | 2000 Rohstoffe | 10.000,00 € |
> | 2600 Vorsteuer | 1.900,00 € |
> | an 4400 Verbindlichkeiten | 11.900,00 € |
>
> 2. Bezahlung der Rechnung (Nr. 1) mit Abzug von 3 % Skonto
>
> **Buchung:**
>
> | 4400 Verbindlichkeiten | 11.900,00 € |
> | an 2800 Bank | 11.543,00 € |
> | an 2002 Nachlässe | 300,00 € |
> | an 2400 Vorsteuer | 57,00 € |
>
> 3. Kauf einer Büroausstattung auf Ziel für 11.900,00 €
>
> **Buchung:**
>
> | 0800 BGA | 10.000,00 € |
> | 2600 Vorsteuer | 1.900,00 € |
> | an 4400 Verbindlichkeiten | 11.900,00 € |
>
> 4. Wir bezahlen die Rechnung (Nr. 3) und ziehen uns 3 % Skonto ab.
>
> **Buchung:**
>
> | 4400 Verbindlichkeiten | 11.900,00 € |
> | an 2800 Bank | 11.543,00 € |
> | an 0800 BGA | 300,00 € |
> | an 2400 Vorsteuer | 57,00 € |

5.2.7 Besonderheiten des Absatzmarktes

Auch beim Absatz der Erzeugnisse gibt es das Problem, dass die Kunden Rabatte, Boni und Skonti haben möchten bzw. dass sie Waren reklamieren und dafür eine Gutschrift verlangen. Auch hier ist die Rechtsgrundlage der § 255 HGB. Diese Preisänderungen müssen die ursprünglichen Anschaffungskosten mindern. Dafür sieht der IKR diverse Unterkonten vor:

Hauptkonten		Unterkonten	
Konto-Nr.	Bezeichnung	Konto-Nr.	Bezeichnung
5000	Umsatzerlöse für eigene Erzeugnisse	5001	Erlösberichtigungen
5050	Umsatzerlöse für andere eigene Leistungen	5051	Erlösberichtigungen
5060	Umsatzerlöse aus innergemeinschaftlicher Lieferung	5061	Erlösberichtigungen
5100	Umsatzerlöse für Waren	5101	Erlösberichtigungen
5190	Sonstige Umsatzerlöse	5191	Erlösberichtigungen

Auch hier müssen die Unterkonten über die Hauptkonten abgeschlossen werden.

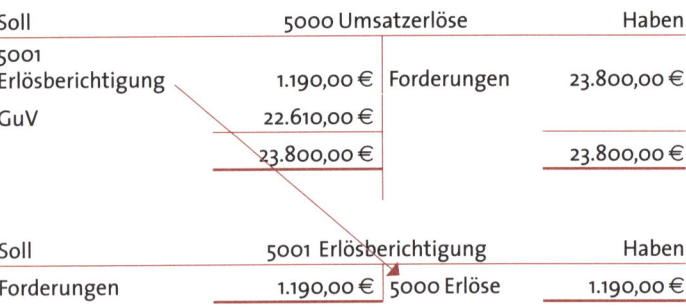

5.2.8 Umsatzsteuerkorrektur bei nachträglicher Preiskorrektur

Bemessungsgrundlage für die Umsatzsteuer ist grundsätzlich das vereinbarte Entgelt. Erfolgt nachträglich eine Preiskorrektur durch Skontoabzug bei der Bezahlung, dann muss die Umsatzsteuer bzw. Vorsteuer berichtigt werden. Da die Vorsteuer eine Forderung gegenüber dem Finanzamt darstellt, wird die Korrektur grundsätzlich im Haben gebucht. Die Umsatzsteuer ist eine Verbindlichkeit gegenüber dem Finanzamt, also ein Schuldkonto. Auf dem Schuldkonto wird der Abgang im Soll gebucht.

| | | *Merke* |

1. Ein erhaltener Bonus und erhaltener Skonto stellen für das Unternehmen einen indirekten Ertrag dar und werden im Haben gebucht.

2. Die Vorsteuer-Korrektur erfolgt auch im Haben.

3. Ein gewährter Bonus und gewährter Skonto stellen für das Unternehmen einen indirekten Aufwand dar und werden im Soll gebucht.

4. Die Umsatzsteuerkorrektur erfolgt ebenfalls im Soll.

Übungsaufgabe 10

Es liegen folgende Anfangsbestände vor:
0510 Grundstücke 125.000,00; 0520 Gebäude 250.000,00; 0700 Maschinen 60.000,00; 0840 Fuhrpark 35.000,00; 0870 BGA 23.000,00; 2400 Forderungen 23.800,00; 2000 Rohstoffe 50.000,00; 2020 Hilfsstoffe 10.000,00; 2800 Bank 46.000,00; 2880 Kasse 4.000,00; 4250 Darlehen 320.000,00; 4400 Verbindlichkeiten 59.500,00; 4800 Umsatzsteuer 5.000,00 und 3000 EK ?

- Richten Sie die Erfolgskonten nach Bedarf ein.
- Erstellen Sie ein Eröffnungsbilanzkonto.
- Bilden Sie für nachfolgende Geschäftsvorfälle die jeweiligen Buchungssätze.

		Konten			Betrag in €	
Nr.	Geschäftsvorfälle	Soll	an	Haben	Soll	Haben
1.	Wir verkaufen eigene Erzeugnisse auf Ziel. € 71.400,00		an			
2.	Überweisung der USt.-Zahllast € 5.000,00		an			
3.	Wir bezahlen eine Lieferantenrechnung durch Banküberweisung. € 11.900,00 abzüglich 3 % Skonto		an			

4.	Wir überweisen die Gehälter. € 3.000,00		an			
5.	Unser Kunde bezahlt eine offene Forderung durch Bank. € 7.140,00 abzüglich 3 % Skonto		an			
6.	Wir kaufen Rohstoffe auf Ziel. € 29.750,00		an			
7.	Wir bezahlen die Gewerbesteuer durch Bank. € 2.000,00		an			
8.	Wir kaufen Disketten und Druckerpapier. Wir zahlen € 119,00 bar.		an			
9.	Wir bezahlen die Telefonrechnung durch Onlinebanking. € 357,00 (brutto)		an			
10.	Wir kaufen Briefmarken gegen Barzahlung. € 100,00		an			
11.	Wir heben vom Bankkonto € 500,00 ab und legen das Geld in die Kasse.		an			
12.	Der Rohstoffverbrauch beträgt € 40.000,00.		an			
13.	Wir bezahlen die Betriebshaftpflichtversicherung durch Bank. € 3.000,00		an			
14.	Wir erhalten eine Bonusgutschrift über € 4.760,00.		an			
15.	Wir überweisen Frachtkosten für eingehende Rohstoffe. € 238,00 (brutto)		an			
16.	Unser Kunde erhält eine Bonusgutschrift über € 1.190,00.		an			

17.	Die Bank belastet uns mit € 200,00 Zinsen.		an			

Schließen Sie die Konten über das Schlussbilanzkonto ab.

5.3   Sachanlagen

Der Kauf von Anlagegütern ist eine Betriebsausgabe. Da das deutsche Steuersystem grundsätzlich von Jahressteuern ausgeht, dürfen Betriebsausgaben, die eine Nutzungsdauer über einem Jahr haben, den Gewinn nicht sofort in voller Höhe mindern. Der Gesetzgeber sieht dafür die Abschreibung der Güter vor. Grundsätzlich müssen die Anschaffungs- oder Herstellungskosten über die Laufzeit der Nutzung verteilt werden, um eine gerechte Steuerbelastung zu erreichen.

Anlagegüter nutzen sich durch ihren Gebrauch ab. Dadurch vermindert sich ihr Anschaffungs- oder Herstellungswert, der als aktiver Bestandsposten im Vermögen des Kaufmannes aufgezeichnet ist. Die Vermögensübersicht wird dadurch ungenau und unübersichtlich. Der Gesetzgeber schreibt deshalb im Handels- und im Steuerrecht eine Angleichung an die tatsächlichen Werte durch Abschreibungen vor, die sich als Aufwendungen im Kostenbereich gewinnmindernd auswirken. Das Einkommensteuerrecht (§ 7) spricht von Absetzung für Abnutzung, abgekürzt AfA. Die Wertminderung wird auf dem Abschreibungskonto erfasst. Das EStG kennt verschiedene Abschreibungsmethoden:

1. § 7 Abs. 1   = lineare AfA
2. § 7 Abs. 1, Satz 2   = AfA nach Leistungseinheit
3. § 7 Abs. 3   = Wechsel von der degressiven zur linearen AfA
4. § 7 Abs. 4   = lineare Gebäude-AfA
5. § 7 Abs. 5   = degressive Gebäude-AfA
6. § 7g   = Sonderabschreibung

Für die Buchhaltung ist der Buchungssatz bei jeder Abschreibungsmethode gleich:

6520 Abschreibungen auf Sachanlagen an Anlagekonto

Die Abschreibungsmethoden werden auch getrennt in planmäßige Abschreibung, die sich nach der Nutzungsdauer bemisst (linear), und die außerplanmäßige Abschreibung (AfaA) oder Sonderabschreibung, die nach unvorhergesehenen Wertminderungen oder besonderen Bestimmungen erfolgt.

Es gibt technische, wirtschaftliche, wertmäßige oder rechtliche Gründe für außerplanmäßige Abschreibungen. Die außerplanmäßige Abschreibung ist nur zulässig, wenn die Wertminderung dauerhaft ist. Bei einer vorübergehenden Wertschwankung darf keine außerplanmäßige AfA vorgenommen werden.

Die Werte der abgeschriebenen Wirtschaftsgüter stimmen nicht immer mit den tatsächlichen Nutzungswerten überein. Daher müssen die Abschreibungs- und Bestandsrestbeträge pro Wirtschaftsgut in dem Anlagebuch genau aufgezeichnet werden.

Voll abgeschriebene Wirtschaftsgüter, die noch im Unternehmen verbleiben, können mit einem Erinnerungswert von € 1,-- bis zu ihrem Ausscheiden geführt werden. Eine gesetzliche Vorschrift für den Erinnerungswert gibt es nicht mehr.

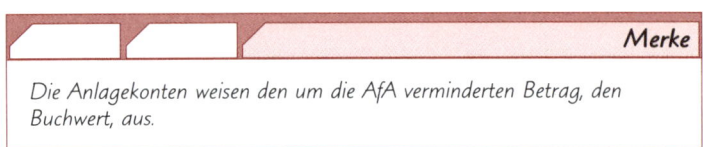

Merke

Die Anlagekonten weisen den um die AfA verminderten Betrag, den Buchwert, aus.

5.3.1 Lineare Abschreibung

Die lineare Abschreibung ist die einfachste Art der buchhalterischen Wertminderung. Es wird lediglich der Anschaffungswert durch die betriebsgewöhnliche Nutzungsdauer geteilt. Linear wird abgeschrieben, wenn die Firmen entweder gar keinen oder immer in etwa gleich viel Gewinn erwirtschaften.

Der AfA-Satz wird wie folgt ermittelt:

$$\text{AfA-Satz} = \frac{100}{\text{betriebsgewöhnliche Nutzungsdauer}}$$

Der AfA-Betrag berechnet sich wie folgt:

$$\text{AfA-Betrag} = \frac{\text{AHK}}{\text{betriebsgewöhnliche Nutzungsdauer}}$$

5.3.2 Degressive Abschreibung

Die degressive AfA ist seit dem 01.01.2008 nicht mehr zulässig. Bis zum 31.12.2007 betrug die degressive AfA das Dreifache der linearen Abschreibung, höchstens aber 30 %. Es wurde grundsätzlich vom Restwert (Buchwert) abgeschrieben. Die degressive AfA rechnete sich nur bei langlebigen Wirtschaftsgütern. Es war zulässig, einmal von der degressiven zur linearen AfA zu wechseln, ein umgekehrter Wechsel war dagegen nicht erlaubt.

$$\text{AfA-Satz} = \frac{100 \cdot 3}{\text{betriebsgewöhnliche Nutzungsdauer}} = \text{max. } 30\,\%$$

5.3.3 Leistungsabschreibung

Bei der Leistungsabschreibung wird nur der tatsächliche Werteverzehr abgeschrieben. Sie ist die ehrlichste Abschreibungsart überhaupt und wird in der Praxis kaum angewandt.

$$\text{AfA-Betrag} = \frac{\text{AHK} \cdot \text{Jahresleistung}}{\text{Gesamtleistung}}$$

Beispiel

Eine Firma kauft einen LKW mit AK von 400.000,00 €.
Laut Herstellerangaben liegt die Gesamtleistung voraussichtlich bei 500.000 km.
Laut Tachometer betrug die Leistung im ersten Jahr 80.000 km.

$$\frac{400.000,00 \cdot 80.000 \text{ km}}{500.000 \text{ km}} = 64.000,00 \text{ €}$$

Buchung:

6520 AfA auf Sachanlagen   an 0840 Fuhrpark 64.000,00 €

5.3.4 Geringwertige Wirtschaftsgüter (Poolabschreibung)

Geringwertige Wirtschaftsgüter (GWG), also Wirtschaftsgüter mit einem Anschaffungswert von 150,00 € bis höchstens 1.000,00 €, müssen grundsätzlich über fünf Jahre linear abgeschrieben werden. Das gilt selbst dann, wenn das Wirtschaftsgut zwischenzeitlich veräußert wird. Die frühere Regelung, GWG mit Anschaffungskosten von 60,00 € bis 410,00 € im Jahr der Anschaffung komplett abzuschreiben, ist weggefallen. Geringwertige Wirtschaftsgüter werden auf dem Bestandskonto GWG erfasst und müssen gesondert in der Anlagekartei für die Dauer ihrer Nutzung geführt werden.

Beispiel

Kauf eines Schreibtisches am 02.01.20xx für 400,00 € + 19 %.
Die Rechnung wurde bar bezahlt.

Buchung:

Beim Kauf:

0890 GWG	400,00 €
2600 Vorst.	76,00 €
an 2880 Kasse	476,00 €

Zum 31.12.20xx

6540 Abschreibung auf GWG   an 0890 GWG   80,00 €

5.3.5   Gebäudeabschreibung

Gebäude können linear und degressiv abgeschrieben werden. Die degressive Gebäudeabschreibung wird auch Staffelabschreibung genannt und gilt ausschließlich für Gebäude mit reinen Wohnzwecken. Da diese Gebäudeteile bei der Bilanzierung keine große Rolle spielen, soll hier nicht näher darauf eingegangen werden.

Die lineare Gebäudeabschreibung ist in § 7 Absatz 4 EStG geregelt. Der Gesetzgeber unterscheidet dabei:

1. Gebäudeteile, die keinen Wohnzwecken dienen und bei denen der Bauantrag nach dem 31.03.1985 gestellt wurde, können jährlich mit 3 % abgeschrieben werden.

2. Gebäudeteile, die die oben genannten Bedingungen nicht erfüllen und die nach dem 31.12.1924 fertig gestellt wurden, können jährlich mit 2 % abgeschrieben werden.

3. Gebäudeteile, die die oben genannten Bedingungen nicht erfüllen und die vor dem 01.01.1925 fertig gestellt wurden, können jährlich mit 2,5 % abgeschrieben werden.

Bei allen Abschreibungen muss auf das Datum der Anschaffung geachtet werden. Im Anschaffungsjahr darf nur anteilig (pro rata temporis) abgeschrieben werden. Wird z.B. eine Maschine am 15.03. angeschafft, dann dürfen im Anschaffungsjahr nur 10 Monate abgeschrieben werden.

5.3.6 § 7g Investitionsabzugsbetrag

Für den Investitionsabzugsbetrag nach § 7g Abs. 3 bis 7 EStG gelten seit dem 1.1.2008 zahlreiche Änderungen.

Bedingung für die Anwendung des § 7g ist, dass das Betriebsvermögen von bilanzierungspflichtigen Unternehmen in dem Jahr, in dem der Investitionsabzugsbetrag geltend gemacht wird, nicht mehr als 235.000 € beträgt. Selbständige, die ihren Gewinn nach § 4 Abs. 3 EStG (Einnahmen-Überschussrechnung) berechnen, sind nur noch begünstigt, wenn ihr Gewinn nicht mehr als 100.000 € beträgt.

Der Investitionsabzugsbetrag kann sowohl für neue als auch für gebrauchte bewegliche Anlagegegenstände in Anspruch genommen werden.

Ab 2008 darf ein Investitionsabzugsbetrag für geplante Investitionen innerhalb der nächsten drei Jahre berücksichtigt werden. Wird wider Erwarten nicht innerhalb von drei Jahren investiert, ist der Investitionsabzugsbetrag rückwirkend in dem Jahr gewinnerhöhend aufzulösen, in dem er den Gewinn damals minderte. Die Gesamtsumme der Investitionsabzugsbeträge darf für drei Jahre maximal € 200.000 betragen.

Das Wirtschaftsgut muss mindestens ein Jahr nach Anschaffung oder Herstellung in der inländischen Betriebsstätte verbleiben und ausschließlich oder fast ausschließlich betrieblich genutzt werden.

Die begünstigten Wirtschaftsgüter müssen durch Unterlagen beim Finanzamt mit ihrer Funktion benannt werden. Dazu gehören auch die voraussichtlichen Anschaffungs- bzw. Herstellungskosten. Die Rücklage darf auch zum Verlust führen.

Im Rahmen des Investitionsabzugsbetrags nach § 7g Abs. 3 bis 7 EStG dürfen Selbständige unter bestimmten Umständen für geplante Investitionen 40 Prozent der voraussichtlichen Investitionskosten als Gewinn mindernde Betriebsausgabe verbuchen. Da diese Vorschrift häufig dazu missbraucht wird, den Gewinn in spätere Jahre zu verschieben und somit Steuerzahlungen gezielt zu strecken, hat die Bundesregierung im Rahmen der Unternehmenssteuerreform strengere Vorschriften zum Investitionsabzugsbetrag beschlossen.

Wird nicht spätestens bis zum Ende des dritten auf das Wirtschaftsjahr des Abzugs folgenden Jahres investiert, so sind die Auswirkungen rückwirkend auf den Zeitpunkt des Abzugs zu korrigieren (Auflösung des Abzugsbetrags im Wirtschaftsjahr des Abzugs und Nachversteuerung). Das gilt auch, wenn der Abzugsbetrag die geplante Höhe der Investition nicht erreicht. Es ist kein Austausch mit anderen investierten Wirtschaftsgütern möglich.

Beispiel

Eine Firma plant, in zwei Jahren eine Produktionsmaschine anzuschaffen. Die Anschaffungskosten werden voraussichtlich 100.000,00 € betragen. Das Betriebsvermögen dieser Firma beträgt 200.000,00 €. Bilden Sie einen steuerbegünstigten Investitionsabzugsbetrag.

Lösung:

Im Jahr der Investitionsplanung kann die Firma bereits 40% der geplanten 100.000,00 € als steuerliche Betriebsausgabe geltend machen. Folgender Buchungssatz fällt an:

6550 Einstellungen in Sopo   40.000,00 €
an   3500 Sonderposten mit Rücklageanteil (Sopo)

Wird die Maschine zwei Jahre später zu den geplanten Kosten von 100.000,00 € gekauft, dann wird die Sonderabschreibung auf das neue Wirtschaftsgut übertragen.

3500 Sopo   an 0700 Maschinen   40.000,00 €

Näher soll auf dieses Thema nicht eingegangen werden, weil es für die Prüfungsvorbereitung nicht entscheidend ist.

Übungsaufgabe 11

Nr.	Geschäftsvorfälle	Konten			Betrag in	
		Soll	an	Haben	Soll	Haben
1.	Wir kaufen gegen Barzahlung einen Drucker für € 400,00 (netto).		an			
2.	Auf den Anlagekonten gibt es folgende Bestände: **Konto 0700 Maschinen** € 100.000,00 **Konto 0870 BGA** € 80.000,00 **Konto 0840 Fuhrpark** € 150.000,00 Schreiben Sie die Maschinen linear, die BGA degressiv und den Fuhrpark nach Leistung ab. Es liegen folgende Zusatzangaben vor: **Konto 0700:** Nutzungsdauer 10 Jahre **Konto 0870:** Nutzungsdauer 12 Jahre **Konto 0840:** Gesamtleistung 400.000 km Jahresleistung 75.000 km		an			

3.	Wir kaufen (Bank) einen Aktenschrank für € 350,00 (netto), einen Schreibtisch für € 390,00 (netto) und einen Monitor für den PC für € 400,00 (netto).		an			
4.	Anschaffung eines PKW, Nutzungsdauer 6 Jahre, Anschaffungskosten € 36.000,00. Nehmen Sie die lineare AfA für das erste Jahr vor.		an			
5.	Auf dem Konto Maschinen ist ein Bestand in Höhe von € 40.000,00 vorhanden. Die Maschine wird linear abgeschrieben. Die Jahresabschreibung beträgt € 10.000,00 (10 %). a) Wie hoch waren die Anschaffungskosten? b) Wie viele Jahre kann die Maschine noch abgeschrieben werden?					

5.3.7 Anlagenabgang

Werden Gegenstände des Anlagevermögens veräußert, entsteht entweder ein Gewinn oder ein Verlust. Die Wahrscheinlichkeit, dass der Gegenstand genau zum Buchwert veräußert wird, ist sehr gering. Dieser so genannte Anlagenabgang wird nach folgendem Schema bearbeitet:

1. Anteilige AfA buchen
2. Buchwert beim Abgang ermitteln
3. Anlagenabgang buchen

Beispiel

In der Bilanz wird eine Maschine mit einem Buchwert von € 24.000,00 ausgewiesen, die mit jährlich € 12.000,00 linear abgeschrieben wurde. Der Verkauf erfolgt am 01.04.20xx zu € 23.000,00 + 19 % USt.

Nehmen Sie alle notwendigen Buchungen vor.

Lösung:

1. Anteilige AfA berechnen und buchen:

$$\frac{12.000,00 \times 3 \text{ Monate}}{12 \text{ Monate}} = 3.000,00 \text{ €}$$

Buchung:

6520 AfA	3.000,00 €	
an 0700 Maschinen		3.000,00 €

2. Buchwert beim Abgang ermitteln:

Buchwert 01.01.20xx	24.000,00 €
– zeitanteilige AfA	3.000,00 €
= Buchwert beim Abgang	21.000,00 €

3. Anlagenabgang buchen:

2800 Bank	27.370,00 €	
an 5410 Erlöse aus Anlagenabgang		23.000,00 €
an 4800 USt.		4.370,00 €
6979 Anlagenabgänge	21.000,00 €	
an 0700 Maschinen		21.000,00 €

5.3.8 Leasing

Unter Leasing versteht man das Mieten bzw. Pachten von Gegenständen, ohne über liquide Mittel zu verfügen. Im Leasingvertrag wird vereinbart, dass der Leasingnehmer berechtigt ist, die Gegenstände zu benutzen, und dafür ein Entgelt (Leasingrate) bezahlt. Das Eigentum an dem Wirtschaftsgut behält in der Regel der Leasinggeber. Frei übersetzt bedeutet „leasen" nichts anderes als mieten. Bei der Bilanzierung wird ein Mietkauf allerdings ganz anders behandelt als der Leasingvertrag. Deshalb sollte die Übersetzung in keinem Fall wörtlich genommen werden.

Das größte Problem bei den Leasingverträgen ist immer die Frage, wer das Wirtschaftsgut bilanziert. Um für alle Verträge eine verbindliche Regelung zu treffen, wurde eigens ein Leasingerlass herausgegeben. Entsprechend der Vertragsgestaltung werden fünf Arten von Leasingverträgen unterschieden:

1. Herstellerleasingverträge

2. Sale-and-lease-back

3. Spezialleasingverträge

4. Operating-Leasing-Verträge

5. Finanzierungsleasingverträge

Herstellerleasingverträge
Bei Herstellerleasingverträgen werden die Wirtschaftsgüter direkt vom Hersteller zur Verfügung gestellt. Diese Verträge können sowohl Operating-Leasing-Verträge als auch Finanzierungsleasingverträge sein.

Sale-and-lease-back
Beim Sale-and-lease-back verkauft der Hersteller des Wirtschaftsgutes den Gegenstand an eine Leasinggesellschaft und least anschließend dieses Gut. Diese Form des Leasings hat in der Praxis keine große Bedeutung. Der Hintergrund für diese Art der Vertragsgestaltung ist in der Regel eine mangelnde Liquidität.

Der Hersteller erzielt durch die Veräußerung des Gegenstandes an den Leasinggeber Umsatzerlöse und dadurch einen Zahlungseingang auf seinem Bankkonto. Die Leasingraten, die er anschließend bezahlen muss, belasten die Liquidität nur anteilig und stellen außerdem auch Betriebsausgaben dar.

Spezialleasing

Beim Spezialleasing wird ein Wirtschaftsgut geleast, das speziell auf den Leasingnehmer zugeschnitten ist. Der Gegenstand wird stets dem Leasingnehmer zugerechnet.

Operating-Leasing-Verträge

Kennzeichnend für Operating-Leasing-Verträge ist eine relativ kurze Mietdauer im Verhältnis zur betriebsgewöhnlichen Nutzungsdauer des Mietgegenstands. Die Leasingverträge können sowohl vom Leasingnehmer als auch vom Leasinggeber jederzeit unter Einhaltung einer bestimmten, nicht zu langen Kündigungsfrist ohne Zahlung einer Konventionalstrafe gekündigt werden.

Beim Operating-Leasing-Vertrag bilanziert der Leasinggeber das Wirtschaftsgut und hat auch das Recht bzw. die Pflicht zur planmäßigen Abschreibung. Der Leasingnehmer dagegen hat die Leasingraten als sofort abzugsfähige Betriebsausgaben anzusetzen. Diese Vorschrift gilt sowohl für die Handelsbilanz als auch für die Steuerbilanz. Operating-Leasing-Verträge sind in der Praxis eher selten zu finden.

Finanzierungsleasingverträge

Finanzierungsleasingverträge sind die häufigste Leasing-Form. Sie haben in der Regel eine unkündbare Grundmietzeit, die meist kürzer ist als die betriebsgewöhnliche Nutzungsdauer. Verletzt der Leasingnehmer den Vertrag, so hat der Leasinggeber das Recht zu kündigen. Dieses Recht ist nur einseitig für den Leasinggeber vorgesehen.

Der Leasingerlass fordert, dass durch die Leasingraten während der Grundmietzeit die vollen AK gedeckt werden müssen. Zusätzlich wird das vom Leasinggeber eingesetzte Kapital verzinst (= Full Pay Out-Vertrag = Vollamortisationsvertrag). Sind die Leasingraten niedriger als die Gesamtkosten des Leasinggebers, so handelt es sich um so genannte Non Pay Out-Verträge (= Teilamortisationsverträge). Nach Ablauf der Grundmietzeit wird hier noch eine Abschlusszahlung geleistet.

Der Leasingnehmer trägt beim Finanzierungsleasing das gesamte Investitionsrisiko und ist für die Wartung und Pflege des Wirtschaftsgutes zuständig. Auch eventuelle Versicherungen muss der Leasingnehmer abschließen und dafür die Kosten tragen.

Steuerliche Behandlung von Leasingverträgen

Das Steuerrecht unterscheidet zwei Arten von Finanzierungsleasing-verträgen:

1. den Mobilien-Leasing-Erlass des Bundesministers für Finanzen vom 19. April 1971 und
2. den Immobilien-Leasing-Erlass vom 21. März 1972.

Die Leasingverträge gemäß Mobilien-Leasing-Erlass werden in zwei Kategorien eingeteilt:

1. Leasingverträge mit einer Grundmietzeit unter 40 % und über 90 % der betriebsgewöhnlichen Nutzungsdauer des Leasinggegenstandes.
2. Leasingverträge mit einer Grundmietzeit von 40 % bis einschließlich 90 % der betriebsgewöhnlichen Nutzungsdauer des Leasinggegenstandes.

Zurechnungsregel:

Beträgt die Grundmietzeit weniger als 40 % und mehr als 90 % der betriebsgewöhnlichen Nutzungsdauer, dann ist das Leasingobjekt stets dem Leasingnehmer zuzurechnen. Beträgt die Grundmietzeit zwischen 40 % und 90 % der betriebsgewöhnlichen Nutzungsdauer, richtet sich die Zurechnung nach der Art des zugrunde liegenden Leasingvertrags:

1. Leasingverträge ohne Optionsrecht werden dem Leasinggeber zugerechnet.
2. Leasingverträge mit Kaufoption werden dem Leasinggeber unter der Voraussetzung zugerechnet, dass der im Fall der Ausübung des Optionsrechts vorgesehene Kaufpreis mindestens dem Buchwert bzw. dem gemeinen Wert entspricht. Dem Leasingnehmer werden sie zugerechnet, wenn der im Fall der Ausübung des Optionsrechts vorgesehene Kaufpreis sowohl den mittels linearer Abschreibung ermittelten Buchwert als auch den niedrigeren gemeinen Wert unterschreitet.

Der Immobilien-Leasing-Erlass baut unmittelbar auf den Mobilienerlass auf. Für die Zurechnung des Leasinggegenstandes ist Folgendes geregelt:

1. Grund und Boden sind dem Leasinggeber zuzurechnen.
2. Bei Gebäuden richtet sich die Zurechnung nach dem Anteil der festen Grundmietzeit an der betriebsgewöhnlichen Nutzungsdauer

bzw. am kürzeren Erbbaurechtszeitraum. Es gelten hierzu die Größenkategorien des Mobilienleasingerlasses.

Beispiel

Eine Maschine mit einer Nutzungsdauer von 10 Jahren wird am 01. Januar 20xx geleast. Die AK der Maschine liegen bei 50.000,00 €, die Leasingdauer beträgt 6 Jahre. Es wird eine unkündbare Grundmietzeit für die Dauer der Leasingraten vereinbart. Die jährlichen Leasingraten betragen 9.600,00 € zuzüglich 19 % USt. Nach Ablauf der Leasingzeit wird eine Kaufoption vereinbart. Der Leasingnehmer ist berechtigt, den Leasinggegenstand zum Preis von 22.000,00 € zu erwerben.

Lösung:

Da die Grundmietzeit 60 % der betriebsgewöhnlichen Nutzungsdauer beträgt und der Kaufpreis bei Ausübung des Optionsrechts über dem Buchwert liegt, ist die Maschine dem Leasinggeber zuzurechnen.

Buchungen des Leasinggebers:

1.	0700 Maschinen	50.000,00 €
	2600 Vorsteuer	9.500,00 €
	an 2800 Bank	59.500,00 €
2.	2800 Bank	11.424,00 €
	an 5401 Leasingerlöse	9.600,00 €
	4800 USt.	1.824,00 €
3.	6520 AfA	5.000,00 €
	an 0700 Maschinen	5.000,00 €

Bei Ausübung der Kaufoption am 01.01.20xx:

1.	2800 Bank	26.180,00 €
	an 5401 Leasingerlöse	22.000,00 €
	an 4800 USt.	4.180,00 €
2.	6979 Anlagenabgang	20.000,00 €
	an 0700 Maschinen	20.000,00 €

Buchungen des Leasingnehmers:

1.	6710 Leasingaufwand	9.600,00 €
	2600 Vorsteuer	1.824,00 €
	an 2800 Bank	11.424,00 €

Bei Ausübung der Kaufoption am 01.01.20xx:

0700 Maschinen	22.000,00 €
2600 Vorsteuer	4.180,00 €
an 2800 Bank	26.180,00 €

Wenn das Leasingobjekt dem Leasingnehmer zugerechnet wird,

- hat er den Leasinggegenstand zu aktivieren
- und nach der betriebsgewöhnlichen Nutzungsdauer abzuschreiben.
- Die Höhe der zu aktivierenden Anschaffungskosten bemisst sich nach der Höhe der Anschaffungskosten des Leasinggebers, die der Berechnung der Leasingraten zugrunde gelegt worden sind.

Merke

1. Der Leasinggeber aktiviert eine Kaufpreisforderung an den Leasingnehmer in Höhe der den Leasingraten zugrunde gelegten Anschaffungskosten.

2. Der Leasingnehmer weist in gleicher Höhe eine Verbindlichkeit aus.

3. Die laufenden Leasingraten des Leasingnehmers bestehen aus einem Zins- und Kostenanteil und einem Tilgungsanteil. Der Tilgungsanteil verringert beim Leasingnehmer die passivierten Verbindlichkeiten und beim Leasinggeber die aktivierten Forderungen. Er ist dementsprechend erfolgsneutral zu verrechnen.

4. Der Zins- und Kostenanteil ist für den Leasingnehmer eine Betriebsausgabe, für den Leasinggeber eine Betriebseinnahme.

5. Mit laufender Tilgung vermindert sich der Kosten- und Zinsanteil, während sich der Tilgungsanteil entsprechend erhöht.

6. Der Zins- und Kostenanteil kann entweder nach der Barwertvergleichsmethode oder der Zinsstaffelmethode aufgelöst werden.

7. Eventuelle Sonderzahlungen werden als Rechnungsabgrenzungsposten behandelt.

Eine Maschine mit einer Nutzungsdauer von 10 Jahren wird am
01.01.2007 geleast. Die Anschaffungskosten der Maschine liegen bei
50.000,00 €, die Leasingdauer beträgt 6 Jahre. Es wird eine unkündbare Grundmietzeit für die Dauer der Leasingraten vereinbart. Die
jährlichen Leasingraten betragen 9.600,00 € zuzüglich 19 % USt.
Nach Ablauf der Leasingzeit wird eine Kaufoption vereinbart. Der
Leasingnehmer ist berechtigt, den Leasinggegenstand zum Preis von
18.000,00 € zu erwerben.

Lösung:

Die Grundmietzeit beträgt 60 % der betriebsgewöhnlichen Nutzungsdauer. Somit ist der Leasinggegenstand dem Leasinggeber zuzurechnen. Allerdings besteht ein Optionsrecht zum Erwerb des Gegenstandes nach Vertragsende. Nach Ablauf der Grundmietzeit muss
eine Vergleichsrechnung mit dem Buchwert und dem Kaufpreis vorgenommen werden:

AK	50.000,00 €
– lineare AfA (72 Monate)	30.000,00 €
Restbuchwert	20.000,00 €

Da der Kaufpreis niedriger ist als dieser Buchwert, wird dieses Wirtschaftsgut dem Leasingnehmer zugerechnet und von ihm aktiviert.
Der Leasingnehmer gilt als wirtschaftlicher Eigentümer (§ 39 Abs. 2
Nr. 1 AO). Die Verbindlichkeit gegenüber dem Leasinggeber wird wie
folgt berechnet:

6 Raten à 9.600,00 €	57.600,00 €
– AK	50.000,00 €
Zins- und Kostenanteil	7.600,00 €

Buchungen des Leasingnehmers:

1.	0700 Maschinen	50.000,00 €
	2800 Vorsteuer	9.500,00 €
	an 4420 Leasingverbindlichkeiten	59.500,00 €
2.	2900 Aktive RAP	7.600,00 €
	2801 Vorsteuer (noch nicht abzugsfähig)	1.444,00 €
	an 4420 Leasingverbindlichkeiten	9.044,00 €
3.	6520 Abschreibung auf Sachanlagen	5.000,00 €
	an 0700 Maschinen	5.000,00 €

Zinsstaffel:

$$\frac{1 + 2 + 3 + 4 + 5 + 6}{21}$$

= 1. Jahr: 6/21 von 7.600,00 € = 2.171,43 €
oder:

$$\frac{n(n+1)}{2} = \frac{6(6+1)}{2} = 21$$

Bei Ausübung der Kaufoption am 01.01.2012:

6710 Leasingaufwendungen	18.000,00 €
2600 Vorsteuer	3.420,00 €
an 2800 Bank	21.420,00 €

Buchungen des Leasinggebers:

1. 2400 Forderungen	59.500,00 €
an 5401 Erlöse	50.000,00 €
an 4800 USt.	9.500,00 €
2. 2400 Forderungen	9.044,00 €
an 4900 passive RAP	7.600,00 €
an 4801 USt. (noch nicht fällig)	1.444,00 €
3. 2800 Bank	11.424,00 €
an 2400 Forderungen	11.424,00 €
4. 4801 USt. (noch nicht fällig)	412,57 €
an 4800 Umsatzsteuer	412,57 €
5. 4900 Passive RAP	2.171,43 €
an 5401 Erlöse	2.171,43 €

Bei Ausübung der Kaufoption am 01.01.20xx:

1. 2800 Bank	21.420,00 €
an 5401 Erlöse	18.000,00 €
an 4800 USt.	3.420,00 €

5.4   Finanzanlagen

Finanzanlagen werden in § 266 Abs. 2 HGB wie folgt gegliedert:
1. Anteile an verbundenen Unternehmen
2. Ausleihungen an verbundenen Unternehmen
3. Beteiligungen
4. Ausleihungen an Unternehmen, mit denen ein Beteiligungsverhältnis besteht

5. Wertpapiere des Anlagevermögens
6. Sonstige Ausleihungen

In der folgenden Darstellung wird insbesondere auf die Positionen Beteiligungen, Wertpapiere des Anlagevermögens und sonstige Ausleihungen eingegangen. Für die Zuordnung zum Anlagevermögen ist sowohl steuerrechtlich als auch handelsrechtlich entscheidend, ob die Kapitalanlagen dem Unternehmen dauerhaft, d.h. für längere Zeit, zum Gebrauch dienen.

5.4.1 Wertpapiere

Wertpapiere garantieren Vermögensrechte, die durch ein Dokument (in der Regel durch Aktien, Obligationen) verbrieft sind. Wertpapiere gehören, wenn sie langfristig gehalten werden, zum Anlagevermögen, ansonsten zum Umlaufvermögen. Bei den Wertpapieren unterscheidet man Dividendenpapiere und Zinspapiere.

Dividendenpapiere (Aktien) sind Eigentümerrechte. Bei Misswirtschaft kann das Eigentum auch verloren gehen. Die jährlichen Dividendenzahlungen richten sich nach der Ertragslage der Gesellschaft. Erzielt die Gesellschaft einen Verlust, gibt es keinen Rechtsanspruch auf Rendite.

Als Zinspapiere bezeichnet man Obligationen, Pfandbriefe und Anleihen. Sie verbürgen Gläubigerrechte mit garantierter Rendite. Herausgeber der Zinspapiere sind in der Regel die öffentliche Hand (Anleihen), die Industrie (Obligationen) und die Pfandbriefanstalten (Pfandbriefe). Bei den Zinspapieren gibt es einen Rechtsanspruch auf einen vorher festgelegten Zinssatz.

5.4.2 Beteiligungen

§ 271 (1) HGB definiert Beteiligungen wie folgt:

Beteiligungen sind „Anteile an anderen Unternehmen, die bestimmt sind, dem eigenen Geschäftsbetrieb durch Herstellung einer dauernden Verbindung zu jenen Unternehmen zu dienen". Eine Beteiligung sollte keine reine Kapitalanlage sein, sondern es sollte auf die Einflussnahme auf die Gesellschaft ankommen. Dabei spielt es keine Rolle, ob die Beteiligungen in Wertpapieren verbrieft sind oder nicht.

Laut Handelsrecht spricht man von einer Beteiligung an einer Kapitalgesellschaft, wenn „Anteile, deren Nennbeträge insgesamt den fünften Teil des Nennkapitals dieser Gesellschaft überschreiten" (§ 271 Abs. 1 Satz 3 HGB), gehalten werden.

> ### *Merke*
>
> *Anteile an einer Personengesellschaft gelten grundsätzlich als Beteiligung. Anteile an einer GmbH zählen im Normalfall zu den Beteiligungen. Man kann davon ausgehen, dass solche Anteile immer stark personenbezogen sind. Somit kann man nicht von einer Kapitalanlage sprechen.*

Ist in Ausnahmefällen der Beteiligungscharakter von GmbH-Anteilen widerlegbar, dann sind diese Anteile bei einer Daueranlage als gesonderter Posten mit entsprechender Bezeichnung im Finanzanlagevermögen auszuweisen, da es sich nicht um Wertpapiere handelt. Ist auch eine Daueranlage nicht gegeben, dann sind die GmbH-Anteile als sonstige Vermögensgegenstände (Pos. B II.4) auszuweisen.

5.4.3 Dividenden

Nach § 58 (4) AktG haben Aktionäre Anspruch auf Dividende. Über die Gewinnausschüttung entscheidet die Hauptversammlung (§ 174 AktG). Erst mit dem Vorliegen eines Gewinnverteilungsbeschlusses entsteht der Rechtsanspruch auf eine Gewinnausschüttung. Zählen die Wertpapiere zum Betriebsvermögen, dann muss der erwartete Gewinn auch dann erfasst werden, wenn es noch nicht zur Ausschüttung gekommen ist.

Von der Dividende sind nach § 43 (1) Nr. 1 i.V. m. § 43a EStG 20 % Kapitalertragsteuer einzubehalten. Die einbehaltene Steuer zuzüglich Solidaritätszuschlag darf den Ertrag nicht mindern und ist als anrechenbare Steuer von der Einkommensteuer abzuziehen (§ 12 Nr. 3 EStG). Erhaltene Dividenden unterliegen dem Halbeinkünfteverfahren, d.h. die Kapitalertragsteuer wird in Höhe von 20 % einbehalten. Allerdings dürfen Aufwendungen, die mit Einkünften aus Dividenden in Zusammenhang stehen, auch nur zur Hälfte abgezogen werden. Die Nettodividende beträgt seit 2001 immer 78,90 % von der Bardividende.

Beispiel

Ein Unternehmen hält 1.000 Stück Aktien im Betriebsvermögen (Nennwert 50,00 €, Kurswert 300,00 €). Laut Gewinnverteilungsbeschluss soll aufgrund des Bilanzgewinns des Geschäftsjahres 2006 je Aktie eine Dividende in Höhe von 10,00 € ausgeschüttet werden. Folgende Gutschrift wird erstellt:

Bardividende	10.00,00 €
– 20 % KapESt.	2.000,00 €
– 5,5 % SolZ	110,00 €
Nettodividende	7.890,00 €

Buchung:

2800 Bank	7.890,00 €
3001 Privatkonto	2.110,00 €
an 5710 Zinserträge	5.000,00 €
an 5710 steuerfreie Erträge	5.000,00 €

	Frage	*Antwort*
	1. Nennen Sie ein Vorsichtsprinzip.	
	2. Was bedeutet der Begriff „Lifo"?	
	3. Was bedeutet der Begriff „Fifo"?	
	4. Was ist der Teilwert?	
	5. Was versteht man unter dem Prinzip der Stetigkeit?	
	6. Wie werden Vorräte eingeteilt?	
	7. Worin besteht der Unterschied zwischen Rohstoffen und Hilfsstoffen?	
	8. Wodurch unterscheidet sich die lineare AfA von der degressiven AfA?	
	9. Definieren Sie den Begriff der Herstellungskosten.	

Aufgaben zur Selbstkontrolle

6   Besondere Buchungsvorgänge

6.1   Personalkosten

Die Inanspruchnahme des Produktionsfaktors Arbeit verursacht Kosten, die unter dem Begriff Personalkosten zusammengefasst werden. Zu den Personalkosten gehören alle Aufwendungen, die durch die Beschäftigung von Arbeitnehmern verursacht werden.

Arbeitnehmer werden in die Gruppe der Arbeiter und die der Angestellten untergliedert. Die Abgrenzung zwischen Arbeitern und Angestellten erfolgt anhand der ausgeübten Beschäftigung und ist im Einzelfall zu entscheiden. Kennzeichnend für die Tätigkeit als Arbeiter ist, dass dem Arbeitgeber vor allem die körperliche Arbeitskraft zur Verfügung gestellt wird, während die Angestellten ihm ihre geistige Arbeitsleistung anbieten. Die Vergütung für Arbeiter wird als Lohn, die für Angestellte als Gehalt bezeichnet. Für die Buchhaltung ist die Unterscheidung zwischen Löhnen und Gehältern nicht ausschlaggebend. Wird allerdings eine Kostenrechnung erstellt, fließen die Löhne als Einzelkosten und die Gehälter als Gemeinkosten in die Kosten- und Leistungsrechnung ein.

Den Arbeitnehmern wird grundsätzlich nicht das vertraglich vereinbarte Arbeitsentgelt (Bruttogehalt bzw. -lohn) ausgezahlt. In der Regel behält der Arbeitgeber bestimmte Abzüge ein und zahlt dem Arbeitnehmer einen Nettobetrag (Nettolohn bzw. -gehalt) aus. Diese vom Arbeitgeber einbehaltenen Abzüge umfassen Steuern (Lohnsteuer, Solidaritätszuschlag und ggf. Kirchensteuer) sowie die Arbeitnehmeranteile zur Sozialversicherung.

Für den Arbeitgeber stellt das vertraglich vereinbarte Arbeitsentgelt für die Mitarbeiter nur einen Teil der Personalkosten dar. Zusätzlich zum Bruttolohn hat er den Arbeitgeberanteil zur Sozialversicherung sowie die gesetzlichen Beiträge zur Unfallversicherung (Berufsgenossenschaft) zu tragen. Daneben können freiwillige soziale Aufwendungen des Arbeitgebers Bestandteile der Personalkosten sein. Die Personalkosten des Arbeitgebers lassen sich wie folgt einteilen:

6.1.1 Löhne und Gehälter

Zu Löhnen und Gehältern gehören alle Löhne für Arbeiter und alle Gehälter für Angestellte, gleich, für welche Arbeit, in welcher Form und unter welcher Bezeichnung sie gezahlt werden (z.B. auch Urlaubsgelder, Weihnachtsgelder, Überstundenvergütungen, vermögenswirksame Leistungen, Sachbezüge).

6.1.2 Gesetzliche soziale Aufwendungen

Zu den gesetzlichen sozialen Aufwendungen gehören die Arbeitgeberanteile zur Sozialversicherung, die Beiträge zur Berufsgenossenschaft und die Umlagebeiträge zur Lohnfortzahlung. Die Umlage 1 (U1) muss für die Lohnfortzahlung der Krankenkassen aufgrund von Krankheitstagen entrichtet werden und die U2 ist für die Lohnfortzahlung im Falle von Mutterschutz vorgesehen. Seit dem 01.01.2007 gelten die Umlagesätze (U1 und U2) grundsätzlich für alle Arbeitnehmer (Kleinbetriebe).

Die Sozialversicherungsbeiträge liegen bei:
- 12 bis 16 % für die Krankenversicherung
- 19,9 % für die Rentenversicherung
- 1,7 % für die Pflegeversicherung
- 4,2 % für die Arbeitslosenversicherung

Diese Beiträge sind grundsätzlich vom Arbeitnehmer und Arbeitgeber je zur Hälfte zu tragen. Bei der Pflegeversicherung und bei der Krankenversicherung gibt es allerdings eine Besonderheit:

1. Pflegeversicherung
   Seit dem 01.01.2005 müssen kinderlose gesetzlich Versicherte zwischen 23 und 65 Jahren einen Zuschlag von 0,25 % zur Pflegeversicherung bezahlen (0,85 % + 0,25 % = 1,1 %).

2. Krankenversicherung
   Seit dem 01.07.2005 wurde zur Finanzierung von Zahnersatz ein zusätzlicher Arbeitnehmerbeitrag von 0,9 % eingeführt. Dieser zusätzliche Krankenversicherungsbeitrag ist von allen Mitgliedern der ge-

setzlichen Krankenkassen zu zahlen. Der Arbeitgeber muss sich nicht daran beteiligen.

Der Arbeitgeber hat die Möglichkeit, bei Krankheitstagen der Arbeitnehmer die Lohnfortzahlung von den Krankenkassen übernehmen zu lassen. An der Lohnfortzahlung laut Lohnfortzahlungsgesetz (LFZG) müssen sich alle Arbeitgeber beteiligen, die nicht mehr als 30 Beschäftigte haben. Die Höhe der Erstattung (60–80 %) kann der Arbeitgeber selbst bestimmen. Allerdings ist bei einer höheren Erstattung auch die Umlage höher.

Diese Aufwandsposten werden in der Kontenklasse 6 getrennt erfasst. Die Lohnbuchhaltung muss für jeden Arbeitnehmer ein gesondertes Lohnkonto oder eine detaillierte Lohnliste führen, in denen die genauen Beträge für das tarifliche Bruttogehalt abzüglich der vom Arbeitnehmer zu tragenden Anteile zur Sozialversicherung und abzüglich der Beträge für Lohn- und Kirchensteuer enthalten sind. Die vom Arbeitgeber einbehaltenen Beträge für Sozialversicherung und Steuern müssen in der Kontenklasse 4 als Verbindlichkeiten bis zur tatsächlichen Überweisung erfasst werden. Hier wird unterschieden zwischen:

- Konto 4850 Verbindlichkeiten aus Lohn und Gehalt
- Konto 4830 Verbindlichkeiten aus Lohn- u. Kirchensteuer
- Konto 4840 Verbindlichkeiten aus Sozialversicherung
- Konto 4860 Verbindlichkeiten aus vermögenswirksamen Leistungen

Buchungssatz für eine Gehaltsabrechnung:
6300 Gehälter
    an
Konto 4850 Verbindlichkeiten aus Lohn und Gehalt
Konto 4830 Verbindlichkeiten aus Lohn- u. Kirchensteuer
Konto 4840 Verbindlichkeiten aus Sozialversicherung
Konto 4860 Verbindlichkeiten aus Vermögenswirksamen Leistungen

Auch eventuell vorweggenommene Beträge für Arbeitsentgelte, die so genannten Vorschüsse, werden in der Kontenklasse 2 (2650) als Forderungen gegenüber Personal ausgewiesen und bei der Gehaltszahlung abgezogen.

6.1.3 Lohnsteuer/Solidaritätszuschlag

Die Lohnsteuer wird nach den persönlichen Verhältnissen des Arbeitnehmers berechnet. Es gibt sechs Lohnsteuerklassen:

Steuerklassen	Eingruppierung
I	Allein stehend
II	Allein stehend mit Kind(ern)
III	Verheiratet, mit oder ohne Kind(er)
IV	Verheiratet, mit oder ohne Kind(er)
V	Verheiratet, ohne Kinderfreibetrag
VI	Mehrfachbeschäftigung

Jeder Arbeitnehmer muss zu Beginn der Beschäftigung seine Lohnsteuerkarte vorlegen. Der Arbeitgeber bescheinigt zum Jahresende oder bei vorzeitigem Ausscheiden des Arbeitnehmers das ausgezahlte Bruttoentgelt. Die Bescheinigung wird elektronisch direkt dem Finanzamt übermittelt. Der Arbeitnehmer erhält lediglich eine Kopie der Bescheinigung. Die Lohnsteuer ist für den Betrieb kein Kostenfaktor, da sie vom Arbeitnehmer allein getragen werden muss. Der Solidaritätszuschlag beträgt derzeit 5,5 % von der Lohnsteuer und muss ebenfalls vom Arbeitnehmer getragen werden.

6.1.4 Sachbezüge

Zum Arbeitsentgelt gehört nicht nur Bares: Auch beispielsweise der Bezug freier Verpflegung und Unterkunft zählt dazu. In der Regel wird alljährlich der Wert für diese Sachbezüge jeweils für das Kalenderjahr im Voraus durch die so genannte Sachbezugsverordnung festgesetzt, die grundsätzlich eingehalten werden muss. Die Werte gelten einheitlich für die Lohnsteuer und Sozialversicherung. Unter Sachbezügen versteht man:

1. Verbilligtes oder unentgeltliches Wohnen
2. Verpflegung
3. PKW-Nutzung für private Fahrten
4. Personalrabatt

6.1.5 Vermögenswirksame Leistungen

Unter vermögenswirksamen Leistungen (vwL) versteht man eine Sparmöglichkeit für Arbeitnehmer in Form von bestimmten Anlagearten. Das Geld muss für einen Zeitraum von mindestens sieben Jahren angelegt werden: Sechs Jahre lang wird angespart, ein Jahr liegt das Geld dann noch fest. Die Arbeitnehmer können sich z.B. für einen Bausparvertrag oder eine Beteiligung (Aktien) am Produktivvermögen einer Firma entscheiden. Diese Form des Sparens fördert der Gesetzgeber mit Prämien. Diese Prämien müssen jährlich entweder vom Arbeitnehmer oder vom entsprechenden Kreditinstitut beantragt werden.

Für Bausparverträge wird eine Wohnungsbauprämie gezahlt und für die anderen Sparverträge gibt es Sparzulagen. Die Auszahlung dieser Prämien ist abhängig vom Einkommen des Arbeitnehmers. In manchen Fällen beteiligen sich die Unternehmen an der monatlichen Sparrate. Je nach Tarifvertrag zahlen die Firmen bis zu 40,00 € monatlich dazu. Die höchstmögliche geförderte Sparsumme beträgt:

Für Förderart 1:   Bausparen bis zu 470,00 € mit 9 % Zulage
Für Förderart 2:   Beteiligungen am Betriebsvermögen bis zu
                     400,00 € mit 18 % Zulage (alte Bundesländer) bzw.
                     22 % Zulage (neue Bundesländer)

Beide Förderarten können gleichzeitig in Anspruch genommen werden. Somit ist die höchste Sparrate jährlich auf 870,00 € begrenzt.

Anspruch auf staatliche Förderung haben Arbeitnehmer nur dann, wenn sie ein bestimmtes Einkommen nicht übersteigen. Alleinstehende erhalten die Förderung bei einem Einkommen von höchstens 29.133,00 € und Verheiratete bis zu einem Einkommen von maximal 52.551,00 €. Können Sonderausgaben und Werbungskosten nachgewiesen werden oder kommt eine Pauschalierung der Sonderausgaben und Werbungskosten in Frage, verringert sich das zu versteuernde Einkommen, so dass die Jahresbruttolohngrenze deutlich höher liegen kann.

Übungsaufgabe 12

Nr.	Geschäftsvorfälle	Konten			Betrag in €	
		Soll	an	Haben	Soll	Haben
1.	Nehmen Sie folgende Lohnbuchungen vor: Bruttolöhne € 40.000,00, Lohn- u. Kirchensteuer € 3.600,00, Sozialversicherungsbeiträge € 6.000,00.		an			
2.	Buchen Sie auch den AG-Anteil zur Sozialversicherung. € 5.700,00		an			
3.	Die einbehaltenen Abzüge und der Lohn werden überwiesen.		an			
4.	Unser Mitarbeiter erhält einen Vorschuss von € 300,00 bar.		an			
5.	Nehmen Sie folgende Gehaltsbuchungen vor: Bruttolöhne € 20.000,00, Lohn- u. Kirchensteuer € 1.500,00, Sozialversicherungsbeiträge € 2.300,00, vwL € 780,00, Verrechnung eines Vorschusses € 300,00.		an			
6.	Buchen Sie auch den AG-Anteil zur Sozialversicherung. € 2.100,00		an			
7.	Die einbehaltenen Abzüge und die Gehälter werden überwiesen.		an			

8.	Die Beiträge zur Berufsgenossenschaft werden durch Bank überwiesen. € 2.000,00		an			
9.	Anlässlich der Weihnachtsfeier für die Belegschaft sind Kosten in Höhe von € 1.200,00 (zuzüglich 19 % USt.) angefallen (Bank).		an			
10.	Unser Mitarbeiter wohnt kostenfrei in einer Werkswohnung. Die ortsübliche Vergleichsmiete beträgt € 400,00.		an			

6.2 Anzahlungen

Anzahlungen sind stets Zahlungsflüsse für noch nicht erbrachte Lieferungen bzw. Leistungen. Dies können Anzahlungen für Anlagen im Bau, Sachanlagen oder Vorräte sein. Es wird zwischen geleisteten Anzahlungen und erhaltenen Anzahlungen unterschieden.

6.2.1 Geleistete Anzahlungen

Geleistete Anzahlungen sind Forderungen aus Lieferungen und Leistungen gegenüber einem Dritten. Sie werden auf der Aktivseite der Bilanz ausgewiesen. Wenn Anzahlungen geleistet werden, fällt grundsätzlich die Umsatzsteuer an, die dann als Forderung gegenüber dem Finanzamt erfasst wird. Wird später die Leistung oder Lieferung erbracht, wird die Anzahlung erfolgsneutral wieder aufgelöst.

Beispiel

Bei einer Rohstoffbestellung über 100.000,00 € verlangt der Lieferant eine Anzahlung in Höhe von 20 %.

2300 Geleistete Anzahlungen	20.000,00 €
2600 Vorsteuer	3.800,00 €
an 2800 Bank	23.800,00 €

Nach Lieferung der Rohstoffe erhalten wir folgende Eingangsrechnung:

Edelstahl AG

	Rechnungsnummer:	23789
Rechnungsdatum:	27.08.20xx	
Körtingstr. 75	Kundennummer:	12.345
90457 Nürnberg	Steuernummer	47/0815/23
	Finanzamt	Nürnberg-Nord

Fa.
Kunstmann Ltd.
Hauptstr. 34
13456 Berlin

Artikel	Betrag
Rohstoffe lt. Ihrer Bestellung vom 01.08.20xx	100.000,00 €
+ 19 % USt.	19.000,00 €
Gesamt	119.000,00 €
abzüglich Anzahlung vom 05.08.20xx	23.800,00 €
Restbetrag	95.200,00 €

Zahlungsbedingungen:
Bitte zahlen Sie bis spätestens 07.09.20xx
Bei Zahlungsverzug entstehen Verzugszinsen
in Höhe von 8 %

Bankverbindung:
RVK Bank BLZ 900456000 Konto 3456789

Buchung:

1. 2000 Rohstoffe   100.000,00 €

   2600 Vorsteuer   19.000,00 €

2. an 4400 Verbindlichkeiten   119.000,00 €

   4400 Verbindlichkeiten   23.800,00 €

   an 2300 Geleistete Anzahlungen   20.000,00 €

   an 2600 Vorsteuer   3.800,00 €

bei Zahlung:

3. 4400 Verbindlichkeiten   95.200,00 €

   an 2800 Bank   95.200,00 €

6.2.2 Erhaltene Anzahlungen

Erhaltene Anzahlungen entstehen, wenn eine Firma von den Kunden Vorauszahlungen verlangt. Bei Handwerksleistungen müssen oftmals die Materialien vorfinanziert werden, oder es fehlt neuen Kunden an Bonität, so dass Vorauszahlungen nötig werden. Erhaltene Anzahlungen sind Verbindlichkeiten gegenüber einem Dritten, und die entstehende Umsatzsteuer wird als Verbindlichkeit gegenüber dem Finanzamt ausgewiesen und mit der nächsten Umsatzsteuervoranmeldung fällig.

Beispiel

Bei einer Warenbestellung über 50.000,00 € verlangen wir vom Kunden eine Anzahlung in Höhe von 50 %.

2800 Bank   29.750,00 €

an 4300 Erhaltene Anzahlungen   25.000,00 €

an 4800 USt.   4.750,00 €

Nach Lieferung der Waren erstellen wir folgende Ausgangsrechnung:

Kunstmann Ltd.	Rechnungsnummer:	54671
Rechnungsdatum:	15.09.20xx	
Hauptstr. 34	Kundennummer:	11.111
13456 Berlin	Steuernummer	23/3411/33
	Finanzamt	Berlin-Steglitz

Fa.
Heller KG
34000 Braunschweig

Artikel	Menge	Einzelbetrag	Gesamtbetrag
Herrenanzüge	100	500,00 €	50.000,00 €
	+ 19 % USt.		9.500,00 €
	Gesamt		59.500,00 €
Geleistete Anzahlung			− 29.750,00 €
Restbetrag			29.750,00 €

Zahlungsbedingungen:
zahlbar bis zum 30.09.20xx

Bankverbindung: XYZ Bank BLZ 12034000 Konto 1111111

Buchung:

1.	2400 Forderungen	59.500,00 €	
	an 5000 Umsatzerlöse		50.000,00 €
	an 4800 USt.		9.500,00 €
2.	4300 Erhaltene Anzahlungen	25.000,00 €	
	4800 USt.	4.750,00 €	
	an 2400 Forderungen		29.750,00 €

bei Zahlung:

3.	2800 Bank	29.750,00 €	
	an 2400 Forderungen		29.750,00 €

6.3   Aktivierte Eigenleistungen

Aktivierte Eigenleistungen entstehen zwangsläufig bei jedem produzierenden Unternehmen. Produziert ein Unternehmen auf Lager bzw. kann es die produzierten Erzeugnisse nicht sofort absetzen, entsteht eine Bestandserhöhung und somit auch eine aktivierte Eigenleistung. Andererseits gibt es auch Eigenleistungen für das Anlagevermögen, im Gesetz als andere aktivierte Eigenleistungen bezeichnet.

Merke

1. *Als aktivierte Eigenleistung bezeichnet man die Bestandserhöhung der eigenen Erzeugnisse.*

2. *Als andere aktivierte Eigenleistung bezeichnet man die selbst produzierten Gegenstände für das Anlagevermögen.*

Beispiel

Bei einem Computerhersteller wird eine neue EDV-Anlage für die Finanzbuchhaltung benötigt. Die Geschäftsleitung gibt der Produktion den Auftrag, eine entsprechende Anlage herzustellen.
Nach Beendigung der Produktion liegen folgende Angaben vor:

Materialverbrauch	500,00 €
Fertigungslöhne	300,00 €
Materialgemeinkosten	20 %
Fertigungsgemeinkosten	80 %
Verwaltungsgemeinkosten	10 %
Vertriebsgemeinkosten	5 %

Mit welchem Wert erfolgt der Ansatz in der Bilanz?

Lösung:

Grundsätzlich erfolgt die Aktivierung zu den Herstellungskosten. Handelsrechtlich könnte der Ansatz mit HK I, HK II und HK III erfolgen. Steuerrechtlich sind nur HK II und HK III erlaubt. Möchte die Firma möglichst wenig Gewinn ausweisen, wird sie sich für HK II entscheiden.

(Siehe hierzu auch Kapitel 5.2.4 Ermittlung der Herstellungskosten.)

Fertigungsmaterial			500,00 €	
MGK	20 %		100,00 €	
Materialkosten				600,00 €
Fertigungslöhne			300,00 €	
FGK	80 %		240,00 €	
Fertigungskosten				540,00 €
HK II				1.140,00 €

Buchung:
0860 BGA   1.140,00 €
an 5300 andere aktivierte Eigenleistung   1.140,00 €

Die EDV-Anlage wird danach ganz regulär linear abgeschrieben.

Aktivierte Eigenleistungen für die Bestandserhöhung der eigenen Erzeugnisse werden folgendermaßen gebucht:
    2200 Fertige Erzeugnisse
        an 5202 Bestandsveränderung fertige Erzeugnisse
    bzw.
    2100 Unfertige Erzeugnisse
        an 5201 Bestandsveränderung unfertige Erzeugnisse

Als Wertmaßstab werden jeweils die Herstellungskosten genommen. Bei den unfertigen Erzeugnissen werden die HK je nach Grad der Fertigstellung angesetzt. Sind 50 % produziert, dann werden 50 % der HK genommen, sind 80 % fertig gestellt, dann werden 80 % der HK bilanziert.

6.4 Kontokorrentbuchhaltung

In einem größeren Unternehmen wird mit sehr vielen Kunden und Lieferanten gearbeitet. Würde man nun immer nur auf einem Konto „Forderungen" bzw. „Verbindlichkeiten" buchen, hätte man keinen Überblick, wann welche Zahlung fällig ist. Aus diesem Grunde wird die Kontokorrentbuchhaltung, also Geschäftsfreundebuchhaltung, geführt. Hier erhält jeder Kunde und jeder Lieferant ein Personenkonto.

6.4.1 Debitoren

Die Personenkonten für die Kunden nennt man Debitoren. Jeder Kunde bekommt eine eigene Kundennummer, die immer eine Stelle mehr hat als die Sachkonten. Hat z.B. das Sachkonto die Nummer 2400 Forderungen, dann bekommt der Debitor z.B. die Nummer 10.000 Debitor Maxfeld. Wenn man die Buchhaltung mit Hilfe der EDV erledigt, ist man gezwungen, mit Personenkonten zu arbeiten, da der Computer die Konten „Forderungen" und „Verbindlichkeiten" nicht direkt buchen kann.

6.4.2 Kreditoren

Die Personenkonten für die Lieferanten nennt man Kreditoren. Genau wie die Kunden erhält auch jeder Lieferant eine eigene Lieferantennummer, die eine Stelle mehr als die Sachkonten hat. Arbeiten Firmen auf Rechnung (Kunden und Lieferanten), dann sind sie zur Kontokorrentbuchhaltung verpflichtet. Ist nun ein Kunde gleichzeitig ein Lieferant, dann spricht man von den kreditorischen Debitoren oder umgekehrt, den debitorischen Kreditoren.

	Frage	*Antwort*
Aufgaben zur Selbstkontrolle	1. Worin besteht der Unterschied zwischen Löhnen und Gehältern?	
	2. Woraus bestehen die Personalkosten?	
	3. Wer trägt die Sozialversicherungsbeiträge?	
	4. Bis wann müssen die Sozialversicherungsbeiträge an die Krankenkassen bezahlt werden?	
	5. Wer trägt die Lohnsteuer?	
	6. Wie werden Vorschüsse gebucht?	
	7. Bilden Sie einen Buchungssatz für eine geleistete Anzahlung.	
	8. Bilden Sie einen Buchungssatz für eine erhaltene Anzahlung.	
	9. Was versteht man unter einer aktivierten Eigenleistung?	
	10. Mit welchem Wert werden Eigenleistungen gebucht?	

7 Jahresabschlussbuchungen

7.1 Zeitliche Jahresabgrenzung

In der Buchführung ist die periodische Abgrenzung nach steuerlichen und betriebswirtschaftlichen Gesichtspunkten besonders wichtig. Die sachliche Abgrenzung von betriebsbedingten und betriebsfremden Aufwendungen und Erträgen darf hiermit nicht verwechselt werden.

Abhängig vom Bilanzstichtag muss eine zeitliche Abgrenzung der vor oder nach diesem Stichtag liegenden Zahlungseingänge und Zahlungsausgänge erfolgen, sofern sie sich auf erfolgswirksame Vorgänge innerhalb der abgeschlossenen Geschäftsperiode beziehen. Ebenso muss geprüft werden, ob Zahlungen noch zu erwarten sind.

Entscheidend bei der Frage der Zuordnung zu den antizipativen Posten (sonstige Forderungen und sonstige Verbindlichkeiten) oder zu den transitorischen Posten (aktive und passive Rechnungsabgrenzungsposten) ist immer die Überlegung:

- Fehlt eine Zahlung im abgeschlossenen Geschäftsjahr?
- Gehört eine erfolgte Zahlung tatsächlich zu den erfolgswirksamen Vorgängen im abgeschlossenen Geschäftsjahr?

7.1.1 Aktive Rechnungsabgrenzung (RAP)

Zu den aktiven oder passiven RAP gehören alle Zahlungen, die vor dem Bilanzstichtag ein- oder ausgegangen sind, wirtschaftlich jedoch nicht der abgeschlossenen Geschäftsperiode zuzuordnen sind. Die RAP werden zu Beginn der neuen Rechnungsperiode durch Buchung auf die entsprechenden Kostenkonten aufgelöst. Eine aktive Rechnungsabgrenzung liegt vor, wenn im alten Geschäftsjahr Aufwendungen für das neue Geschäftsjahr bezahlt wurden. Man spricht von einer transitorischen Buchung.

Beispiel

Wir bezahlen am 01. Oktober 20xx die Kfz-Steuer für die Zeit vom 01.10.20xx bis 30.09.20xx. Der Betrag von 600,00 € wird durch Bank beglichen.

Buchungen:

01.10.20xx
7030 Kfz-Steuer   600,00 €   an 2800 Bank   600,00 €

31.12.20xx
2900 aktive RAP   450,00 €   an 7030 Kfz-Steuer   450,00 €

01.01.20xx
7030 Kfz-Steuer   450,00 €   an 2900 aktive RAP   450,00 €

7.1.2   Passive Rechnungsabgrenzung (RAP)

Bei der passiven Rechnungsabgrenzung werden Erträge für das neue Geschäftsjahr bereits im alten Geschäftsjahr eingenommen. Man spricht auch hier von einer transitorischen Buchung.

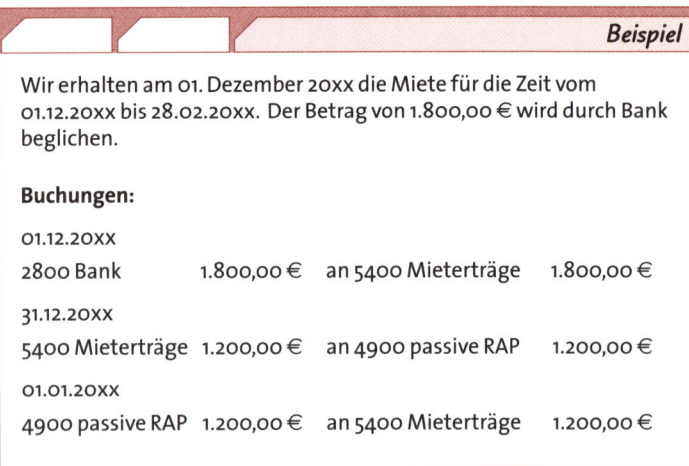

Beispiel

Wir erhalten am 01. Dezember 20xx die Miete für die Zeit vom 01.12.20xx bis 28.02.20xx. Der Betrag von 1.800,00 € wird durch Bank beglichen.

Buchungen:

01.12.20xx
2800 Bank   1.800,00 €   an 5400 Mieterträge   1.800,00 €

31.12.20xx
5400 Mieterträge   1.200,00 €   an 4900 passive RAP   1.200,00 €

01.01.20xx
4900 passive RAP   1.200,00 €   an 5400 Mieterträge   1.200,00 €

7.1.3   Sonstige Forderungen

Zu den sonstigen Forderungen gehören alle am Bilanzstichtag noch nicht erhaltenen Beträge, die einen Ertrag darstellen und wirtschaftlich in das alte Geschäftsjahr gehören.

> **Beispiel**
>
> Am 31.12.20xx stellen wir fest, dass unser Mieter die Miete für Dezember noch nicht bezahlt hat. Es fehlen 600,00 € Mieterträge. Am 05.01.20xx geht dann die Miete für Dezember 20xx und Januar 20xx ein.
>
> **Buchungen:**
>
> 31.12.20xx
> 2690 Sonstige Forderungen 600,00 € an 5400 Mieterträge 600,00 €
>
> 05.01.20xx
> 2800 Bank   1.200,00 € an 5400 Mieterträge 600,00 €
> an 2690 Sonst. Ford.   600,00 €

7.1.4 Sonstige Verbindlichkeiten

Zu den sonstigen Verbindlichkeiten gehören alle am Bilanzstichtag noch nicht bezahlten Beträge, die einen Aufwand darstellen und wirtschaftlich in das alte Geschäftsjahr gehören.

> **Beispiel**
>
> Am 31.12.20xx stellen wir fest, dass wir die Miete für Dezember noch nicht bezahlt haben. Es fehlen 2.000,00 € Mietaufwand.
> Am 03.01.20xx zahlen wir dann die Miete für Dezember 20xx und Januar 20xx.
>
> **Buchungen:**
>
> 31.12.20xx
> 6700 Miete   2.000,00 €   an 4890 Sonst. Vbl.   2.000,00 €
>
> 03.01.20xx
> 4800 Sonst. Vbl. 2.000,00 €   an 2800 Bank   4.000,00 €
> 6700 Miete   2.000,00 €

Übungsaufgabe 13

Nr.	Geschäftsvorfälle	Soll	an	Haben	Soll	Haben
		Konten			**Betrag in €**	
1.	Wir bezahlen am 01.11.20xx die Miete von insgesamt € 1.500,00 für die Monate Nov.–Jan.					
	Buchen Sie zum					
	01.11.20xx		an			
	31.12.20xx		an			
	01.01.20xx		an			
2.	Wir überweisen die Kfz-Steuer in Höhe von € 600,00 für die Zeit vom 01.02.20xx bis 31.01.20xx.					
	Buchen Sie zum					
	01.02.20xx		an			
	31.12.20xx		an			
	01.01.20xx					
3.	Unser Mieter hat die Miete für Januar bereits am 12.12.20xx überwiesen. € 1.000,00					
	Buchen Sie zum					
	12.12.20xx		an			
	31.12.20xx		an			
	01.01.20xx		an			
4.	Die uns zustehenden Zinsen für das 4. Quartal haben wir noch nicht erhalten. € 1.300,00					
	Buchen Sie zum					
	31.12.20xx		an			
5.	Wir haben noch Anspruch auf Provisionszahlung für Dezember 20xx. € 2.000,00 (netto)					
	Buchen Sie zum					
	31.12.20xx		an			

6.	Wir erhalten am 15.12.07 Zinsen für die Zeit vom 01.12.07–28.02.08. € 3.000,00					
	Buchen Sie zum					
	15.12.2007		an			
	31.12.2007		an			
	01.01.2008		an			
7.	Unser Kunde hat die Verzugszinsen für Dezember noch nicht bezahlt. € 200,00					
	Buchen Sie zum					
	31.12.20xx		an			
8.	Wir haben die Betriebshaftpflichtversicherung für die Zeit vom 01.07.20xx–30.06.20xx bereits am 15.07.20xx überwiesen. € 1.200,00					
	Buchen Sie zum					
	15.07.20xx		an			
	31.12.20xx		an			
	01.01.20xx		an			
9.	Wir haben die Rückerstattung der Kfz-Steuer noch nicht erhalten. € 610,00					
	Buchen Sie zum					
	31.12.20xx		an			
10.	Die Bank schreibt uns Zinsen in Höhe von € 450,00 für die Zeit vom 01.12.20xx–28.02.20xx gut.					
	01.12.20xx		an			
	31.12.20xx		an			
	01.01.20xx		an			

Zeitliche Jahresabgrenzung

Konto-Nr.	Altes Jahr	Neues Jahr	Bezeichnung
2900 aktive RAP	Ausgabe	Aufwand	Transitorische Buchungen
4900 passive RAP	Einnahme	Ertrag	
2690 Sonstige Forderungen	Ertrag	Einnahme	Antizipative Buchungen
4890 Sonstige Verbindlichkeiten	Aufwand	Ausgabe	

7.2 Rückstellungen

Außer der Überprüfung der wirtschaftlichen Zugehörigkeit von Auf-
wands- und Ertragsposten zur Geschäftsperiode muss die Buchhaltung
auch die Kosten erfassen, die in ihrer Höhe noch nicht genau feststehen,
die aber doch ursächlich zur abgelaufenen Geschäftsperiode gehören.
Sind diese Kosten wahrscheinlich und absehbar, so werden hierfür
Rückstellungen gebildet, die geschätzt und passiviert werden müssen.

Nach § 249 HGB sind in folgenden Fällen Rückstellungen zu bilden:
- bei ungewissen Verbindlichkeiten
- bei drohenden Verlusten aus schwebenden Geschäften (steuerrechtlich verboten)
- bei im Geschäftsjahr unterlassener Instandhaltung, die innerhalb
  von 3 Monaten nach dem Bilanzstichtag durchgeführt wird
- bei Gewährleistungen
- bei allen wahrscheinlichen oder sicheren Aufwendungen, die hin-
  sichtlich ihrer Höhe unbestimmt sind

Treten die Kosten tatsächlich auf, so wird das Konto entlastet oder aufgelöst. Die Differenz zu den geschätzten Zahlen wird als periodenfremder Aufwand bzw. Ertrag gebucht.

> **Beispiel**
>
> Eine Firma rechnet mit 5.000,00 € Gewerbesteuernachzahlung.
>
> Buchung 31.12.20xx:
>
> 7510 Gewerbesteuer an 3800 Steuerrückstellungen   5.000,00 €
>
> Am 15.07.20xx kommt der Steuerbescheid über
>
> a) 5.000,00 €
>
> b) 6.000,00 €
>
> c) 4.000,00 €
>
> **Buchungen:**
>
> a) Die Schätzung für die Rückstellung war richtig.
>
>   3800 Steuerrückstellung 5.000,00 an 2800 Bank   5.000,00 €
>
> b) Die Schätzung für die Rückstellung war zu niedrig.
>
>   3800 Steuerrückstellung   5.000,00 €
>
>   6990 Periodenfremde Aufwendungen   1.000,00 €
>
>   an 2800 Bank   6.000,00 €
>
> c) Die Schätzung für die Rückstellung war zu hoch.
>
>   3800 Steuerrückstellungen   5.000,00 €
>
>   an 2800 Bank   4.000,00 €
>
>   an 5480 Erträge aus der Auflösung von Rückstellungen 1.000,00 €

Übungsaufgabe 14

		Konten		Betrag in €	
Nr.	Geschäftsvorfälle	Soll	an Haben	Soll	Haben
1.	Wir rechnen mit € 5.000,00 Gewerbesteuerzahlung.		an		
2.	Die tatsächliche Steuerschuld beträgt im nächsten Jahr aber nur € 4.900,00, die wir gleich durch Banküberweisung bezahlen.		an		

3.	Die Steuerberatergebühren werden wahrscheinlich € 7.000,00 (+ 19 % USt.) betragen.		an			
4.	Wir überweisen im folgenden Jahr die Steuerberater-gebühren in Höhe von € 8.000,00 + 19 % USt.		an			
5.	Für die Reparatur des Verwal-tungsgebäudes rechnen wir mit € 20.000,00. Laut Kostenvoranschlag sollen die Arbeiten im **März** ausgeführt werden.		an			
6.	Für die Reparatur des Verwal-tungsgebäudes rechnen wir mit € 20.000,00. Laut Kostenvoranschlag sollen die Arbeiten im **Mai** ausge-führt werden.		an			
7.	Die Einkommensteuer-abschlusszahlung wird voraussichtlich € 4.000,00 betragen. Wir haben gebucht: 7000 Betr. Steuern an 3930 Sonst. Rückst.					
8.	Die tatsächlichen Kosten (Nr. 5) betragen € 22.000,00 + 19 % USt. (Bank).		an			
9.	Die tatsächlichen Kosten (Nr. 6) betragen € 22.000,00 + 19 % USt. (Bank).		an			
10.	Für einen laufenden Prozess rechnen wir mit € 3.500,00.		an			

7.3 Wertberichtigung auf Forderungen

Zum Jahresabschluss müssen Kundenforderungen auf ihre Bonität hin untersucht werden. Grundsätzlich werden Forderungen eingeteilt in:
- Einwandfreie Forderungen
- Zweifelhafte Forderungen
- Uneinbringliche Forderungen

7.3.1 Einwandfreie Forderungen

Jede Kundenforderung ist zunächst eine einwandfreie Forderung, ansonsten würde der Kaufmann mit diesem Kunden kein Geschäft abschließen. Einwandfreie Forderungen werden auf das Konto 2400 gebucht und bei der Bilanzerstellung zum Nennwert übernommen.

7.3.2 Zweifelhafte Forderungen

Gründe für eine zweifelhafte Forderung können sein:
- der Kunde reagiert nicht auf diverse Mahnungen
- der Kunde macht schriftlich eine Mängelrüge geltend
- der Kunde beantragt das Insolvenzverfahren

Ist eine Forderung zweifelhaft, dann erfolgt eine Umbuchung auf das Konto 2470 Zweifelhafte Forderungen. Eventuell erfolgt eine Teilabschreibung in Höhe des vermutlichen Nettoausfalls (Konto 6950). Der Ansatz in der Bilanz erfolgt zum wahrscheinlichen Wert.

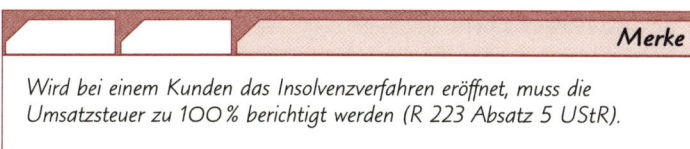

Merke

Wird bei einem Kunden das Insolvenzverfahren eröffnet, muss die Umsatzsteuer zu 100 % berichtigt werden (R 223 Absatz 5 UStR).

7.3.3 Uneinbringliche Forderungen

Gründe für eine uneinbringliche Forderung können sein:

- die Insolvenzmasse reicht nicht zur vollen Deckung der Forderungen
- das Insolvenzverfahren wurde mangels Masse eingestellt
- es wurde ein Vergleich abgeschlossen
- der Schuldner ist verstorben
- der Schuldner ist unbekannt verzogen
- der Schuldner beruft sich (zu Recht) auf die Verjährung

Uneinbringliche Forderungen müssen abgeschrieben werden. Gleichzeitig erfolgt eine Umsatzsteuerkorrektur. Der Ansatz in der Bilanz erfolgt zum Nullwert.

Beispiel 1

Ein Kunde hat Zahlungsschwierigkeiten. Trotz mehrmaliger Mahnungen reagiert er nicht. Es muss eine Umbuchung erfolgen. Unsere Forderung beträgt € 11.900,00.

2470 Zweifelhafte Forderungen	11.900,00 €
an 2400 Forderungen	11.900,00 €

Nach längeren Verhandlungen muss mit 30 % Ausfall gerechnet werden.

6950 Abschreibungen auf Forderungen	3.000,00 €
an 2470 Zweifelhafte Forderungen	3.000,00 €

Zwei Monate später erhalten wir eine Abschlusszahlung, die 50 % der Forderung beträgt. Weitere Zahlungseingänge sind nicht zu erwarten.

2800 Bank	5.950,00 €
an 2470 Zweifelhafte Forderungen	5.950,00 €

Bei Forderungsausfällen muss die Umsatzsteuer korrigiert werden. Grundsätzlich gilt, dass nach Eröffnung des Insolvenzverfahrens die Umsatzsteuer komplett korrigiert werden muss, während beim Vergleich die Umsatzsteuer erst nach Abschluss des Vergleichs ausgebucht wird.

4800 USt.	950,00 €
an 2470 Zweifelhafte Forderungen	950,00 €

Da mit 30 % Ausfall gerechnet wurde, tatsächlich aber
50 % ausgefallen sind, wird folgende Berechnung erstellt:

Gesamt	11.900,00 €
– Zahlung	5.950,00 €
Gesamtausfall	5.950,00 €
Davon 100 % Aufwand	5.000,00 €
Davon 19 % USt.	950,00 €

Es wurden bereits 30 % = 3.000,00 € Aufwand gebucht,
also müssen noch die fehlenden 2.000,00 € Aufwand erfasst werden.

6960 Periodenfremder Aufwand	2.000,00 €
an 2470 Zweifelhafte Forderungen	2.000,00 €

Beträgt der Forderungsausfall weniger als geschätzt,
entsteht ein periodenfremder Ertrag. Angenommen,
es sind lediglich 10 % ausgefallen, dann beträgt der
Bankeingang 90 %.

2800 Bank	10.710,00 €
an 2470 Zweifelhafte Forderungen	10.710,00 €

Da mit 30 % Ausfall gerechnet wurde, tatsächlich aber nur 10 % ausgefallen sind, wird folgende Berechnung erstellt:

Gesamt	11.900,00 €
– Zahlung	10.710,00 €
Gesamtausfall	1.190,00 €
Davon 100 % Aufwand	1.000,00 €
Davon 19 % USt.	190,00 €

Es wurden bereits 30 % = 3.000,00 € Aufwand gebucht, also entsteht
ein Ertrag in Höhe von 2.000,00 €.

2470 Zweifelhafte Forderungen	2.000,00 €
an 5490 Periodenfremder Ertrag	2.000,00 €

Beispiel 2

Bei einem Kunden wurde das Insolvenzverfahren eröffnet. Unsere Forderung beträgt € 11.900,00.

2470 Zweifelhafte Forderungen	10.000,00 €
4800 Umsatzsteuer	1.900,00 €
an 2400 Forderungen	11.900,00 €

Laut Auskunft des Insolvenzverwalters muss mit 30 % Ausfall gerechnet werden.

6950 Abschreibungen auf Forderungen	3.000,00 €
an 2470 Zweifelhafte Forderungen	3.000,00 €

Zwei Monate später erhalten wir eine Abschlusszahlung, die 50 % der Forderung beträgt.
Weitere Zahlungseingänge sind nicht zu erwarten.

2800 Bank	5.950,00 €
an 2470 Zweifelhafte Forderungen	5.000,00 €
an 4800 USt.	950,00 €

Da mit 30 % Ausfall gerechnet wurde, tatsächlich aber 50 % ausgefallen sind, wird folgende Berechnung erstellt:

Gesamt	11.900,00 €
– Zahlung	5.950,00 €
Gesamtausfall	5.950,00 €
Davon 100 % Aufwand	5.000,00 €
Davon 19 % USt.	950,00 €

Es wurden bereits 30 % = 3.000,00 € Aufwand gebucht, also müssen noch die fehlenden 2.000,00 € Aufwand erfasst werden.

6960 Periodenfremder Aufwand	2.000,00 €
an 2470 Zweifelhafte Forderungen	2.000,00 €

7.4   Pauschalwertberichtigung (PWB)

Da der Kaufmann nicht alle Kunden kennt und am Jahresende eine vorsichtige Bewertung vornehmen muss, erfolgt eine Pauschalwertberichtigung. Die PWB beträgt ca. 1–5 % vom Nettoforderungsbestand und wird auf dem Konto 3680 PWB verbucht. Das Konto Pauschalwertberichtigung muss zum Jahresende aktivisch vom Konto Forderungen abgesetzt werden. Viele Firmen bedienen sich der gemischten Bewertung; d.h. die Kunden, die bekannt sind, werden einzeln bewertet, der Rest wird durch eine pauschale Wertberichtigung abgedeckt.

Beispiel 1

Der Gesamtbestand der Forderungen beträgt 476.000,00 €. Es wird mit 1 % pauschalen Forderungsausfällen gerechnet.

Gesamtforderungen	476.000,00 €
– 19 % USt.	76.000,00 €
Nettoforderungen	400.000,00 €
Davon 1 % PWB	4.000,00 €

Buchung:

6953 Einstellung in PWB	4.000,00 €
an 3680 PWB	4.000,00 €

Beispiel 2

Der Gesamtbestand der Forderungen beträgt 476.000,00 €.
Folgende Kunden wurden bereits einzeln bewertet:

Kunde A	Gesamtforderungen	59.500,00 €
Kunde B	Gesamtforderungen	23.800,00 €
Kunde C	Gesamtforderungen	11.900,00 €

Es wird mit 1 % pauschalen Forderungsausfällen gerechnet.

Gesamtforderungen	476.000,00 €
– Kunde A	59.500,00 €
– Kunde B	23.800,00 €
– Kunde C	11.900,00 €
Bereinigte Forderungen	380.800,00 €
– 19 % USt.	60.800,00 €
Nettoforderungen	320.000,00 €
Davon 1 % PWB	3.200,00 €

Buchung:

6953 Einstellung in PWB	3.200,00 €
an 3680 PWB	3.200,00 €

Das Konto PWB kann als reines Bestandskonto geführt werden. In diesem Fall sind auf dem Konto lediglich der Anfangsbestand, der Endbestand und die Bestandsveränderung auszuweisen. Dies wird als Anpassungsmethode bezeichnet. Eine andere Möglichkeit ist die Auflösungsmethode. In diesem Fall werden Forderungsausfälle direkt über das Konto PWB gebucht.

Beispiel 3

Auf dem Konto PWB ist ein Bestand in Höhe von 30.000,00 € vorhanden. Folgende Kundenausfälle liegen vor:

Kunde A	Gesamtforderung wahrscheinlicher Ausfall 40 %	59.500,00 €
Kunde B	Gesamtforderung wahrscheinlicher Ausfall 10 %	23.800,00 €
Kunde C	Gesamtforderung wahrscheinlicher Ausfall 30 %	11.900,00 €

1. Anpassungsmethode:

Kunde A:

2470 Zweifelhafte Forderungen	59.500,00 €
an 2400 Forderungen	59.500,00 €
6951 Abschreibungen auf Forderungen	20.000,00 €
an 2470 Zweifelhafte Forderungen	20.000,00 €

Kunde B:

2470 Zweifelhafte Forderungen	23.800,00 €
an 2400 Forderungen	23.800,00 €
6951 Abschreibungen auf Forderungen	2.000,00 €
an 2470 Zweifelhafte Forderungen	2.000,00 €

Kunde C:

2470 Zweifelhafte Forderungen	11.900,00 €
an 2400 Forderungen	11.900,00 €
6951 Abschreibungen auf Forderungen	3.000,00 €
an 2470 Zweifelhafte Forderungen	3.000,00 €

Der neue Endbestand des Kontos PWB soll

a) 35.000,00 €
b) 27.000,00 €

betragen. Bei der Anpassungsmethode wird nur noch der Restbetrag gebucht.

zu a)

6953 Einstellung in PWB	5.000,00 €
an 3680 PWB	5.000,00 €

zu b)

3680 PWB	3.000,00 €
an 5450 Erträge aus der Herabsetzung der PWB	3.000,00 €

2. Auflösungsmethode:

Kunde A:

2470 Zweifelhafte Forderungen	59.500,00 €
an 2400 Forderungen	59.500,00 €
3680 PWB	20.000,00 €
an 2470 Zweifelhafte Forderungen	20.000,00 €

Kunde B:

2470 Zweifelhafte Forderungen	23.800,00 €
an 2400 Forderungen	23.800,00 €
3680 PWB 2.000,00 €	
an 2470 Zweifelhafte Forderungen	2.000,00 €

Kunde C:

2470 Zweifelhafte Forderungen	11.900,00 €
an 2400 Forderungen	11.900,00 €
3680 PWB 3.000,00 €	
an 2470 Zweifelhafte Forderungen	3.000,00 €

Der neue Endbestand des Kontos PWB soll

c) 35.000,00 €
d) 27.000,00 €

betragen.

Konto PWB

Anfangsbestand	30.000,00 €
– Kunde A	20.000,00 €
– Kunde B	2.000,00 €
– Kunde C	3.000,00 €
Restbestand	5.000,00 €
Endbestand	35.000,00 €
– Restbestand	5.000,00 €
Differenz	30.000,00 €
bzw.	
Endbestand	27.000,00 €
– Restbestand	5.000,00 €
Differenz	22.000,00 €
6953 Einstellung in PWB	30.000,00 € (22.000,00 €)
an 3680 PWB	30.000,00 € (22.000,00 €)

Übungsaufgabe 15

Nr.	Geschäftsvorfälle	Konten			Betrag in €	
		Soll	an	Haben	Soll	Haben
1.	Wir verkaufen Waren auf Ziel. € 35.700,00		an			
2.	Unser Kunde beantragt das Insolvenzverfahren. Unsere Forderung beträgt € 23.800,00.		an			
3.	Nach Auskunft des Insolvenzverwalters beträgt der wahrscheinliche Ausfall 40 %. Das Insolvenzverfahren wurde aber noch nicht eröffnet.		an			

4.	Wir erhalten € 11.900,00, der Rest ist uneinbringlich.		an		
5.	Unsere Gesamtforderungen betragen € 71.400,00. Darin sind u.a. enthalten:				
6.	Kunde Geizig mit € 3.570,00. Wahrscheinlicher Ausfall 60 %.		an		
7.	Kunde Frank mit € 5.950,00. Wahrscheinlicher Ausfall 30 %.		an		
8.	Kunde Frei mit € 1.190,00. Die Forderung ist uneinbringlich.		an		
9.	Auf den Restbestand der Forderungen ist eine PWB in Höhe von 3 % zu bilden.		an		
10.	Wir erhalten € 2.380,00 (zu Nr. 7). Der Rest ist uneinbringlich.		an		

Frage	Antwort
1. Erklären Sie den Begriff „transitorische Buchungen".	
2. Erklären Sie den Begriff „antizipative Buchungen".	
3. Worin unterscheiden sich Rückstellungen von sonstigen Verbindlichkeiten?	
4. Ist die Bildung einer Rückstellung freiwillig?	
5. Wann muss eine Rückstellung aufgelöst werden?	
6. In welche Gruppen teilt man Kundenforderungen ein?	
7. Weshalb werden Pauschalwertberichtigungen gebildet?	
8. Eine Firma rechnet mit 2.000,00 € Prozesskosten. Ist eine Buchung notwendig?	
9. Eine Firma rechnet mit 30 % Forderungsausfall. Ist eine Buchung notwendig?	
10. Eine Firma zahlt am 01.10. die Betriebshaftpflichtversicherung durch Bank. Ist zum 31.12. eine Buchung notwendig?	

Aufgaben zur Selbstkontrolle

8 Lösungen zu den Aufgaben zur Selbstkontrolle und zu den Übungsaufgaben

Aufgaben zur Selbstkontrolle zu Kapitel 1

Frage	Antwort
1. Welche Gesetze verpflichten zur Buchführung?	das Handels- und das Steuerrecht
2. Wer ist verpflichtet, eine doppelte Buchführung zu erstellen?	Alle Istkaufleute und die Nichtkaufleute, die aufgrund steuerlicher Vorschriften (§ 141 AO) dazu verpflichtet sind.
3. Prüfen Sie folgende Aussage: Die Buchführung muss täglich erstellt werden.	Nein, sie sollte zeitnah erstellt werden.
4. In welcher Form wird eine einfache Buchführung erstellt?	in Form einer Einnahmen-Überschussrechnung
5. Was ist die Bilanzidentität?	Die Schlussbilanz ist identisch mit der Eröffnungsbilanz.
6. Wer unterschreibt die Bilanz in der AG?	alle Vorstandsmitglieder
7. Welchen zeitlichen Spielraum hat der Kaufmann bei der Erstellung der Stichtagsinventur?	plus/minus 10 Tage
8. Was ist der Unterschied zwischen Inventur und Inventar?	Die Inventur ist die Bestandsaufnahme, das Inventar ist das Ergebnis der Inventur.
9. Was ist der Unterschied zwischen Inventar und Bilanz?	Die Bilanz ist die inhaltliche Kurzfassung des Inventars.
10. In welcher Form wird das Inventar erstellt?	in Staffelform

Aufgaben zur Selbstkontrolle zu Kapitel 2

Frage	Antwort
1. Welche Belege kennen Sie?	Eingangsbelege, Ausgangsbelege und Hilfsbelege, bzw. Eigen- und Fremdbelege
2. Geben Sie ein Beispiel für einen Eingangsbeleg.	eine Eingangsrechnung für Rohstoffkauf
3. Nennen Sie ein Beispiel für einen Hilfsbeleg.	Der Inhaber entnimmt Geld für Privatzwecke aus der Kasse.
4. Ein Beleg ist verloren gegangen. Dürfen Sie einen Hilfsbeleg schreiben?	Nein, wenn es einen natürlichen Beleg gibt, darf kein Hilfsbeleg geschrieben werden.
5. Ist der Bankauszug ein Eigenbeleg oder ein Fremdbeleg?	Er ist ein Fremdbeleg.
6. Nennen Sie ein Grundbuch.	das Kassenbuch
7. Nennen Sie ein Hauptbuch.	das Journal
8. Nach welchem Prinzip ist der Industriekontenrahmen (IKR) gegliedert?	nach dem Abschlussgliederungsprinzip
9. Welche Bedeutung hat die Kontenklasse 5 beim IKR?	Die Kontenklasse 5 weist die Erträge des Unternehmens aus.
10. Welche Bedeutung hat die Kontenklasse 6 beim IKR?	Die Kontenklasse 6 weist die betrieblichen Aufwendungen aus.

Übungsaufgabe 1

Nr.	Geschäftsvorfälle	Konten			Betrag in €	
		Soll	an	Haben	Soll	Haben
1.	Wir kaufen einen PKW gegen Barzahlung. € 23.800,00	0840 Fuhrpark	an	2880 Kasse	23.800,00	23.800,00

2.	Wir bezahlen eine Lieferantenrechnung durch Banküberweisung. € 11.900,00	4400 Vbl.	an	2800 Bank	11.900,00	11.900,00
3.	Wir kaufen ein Grundstück und nehmen dafür eine Hypothek auf. € 200.000,00	510 Grundst.	an	4250 Hypothek	200.000,00	200.000,00
4.	Unser Kunde bezahlt eine offene Forderung durch Postbank. € 11.900,00	2850 Postbank	an	2400 Ford.	11.900,00	11.900,00
5.	Wir kaufen einen neuen Computer. € 4.760,00 per Bank	860 BGA	an	2800 Bank	4.760,00	4.760,00
6.	Wir kaufen einen Drucker für 400,00 €. Wir zahlen bar.	860 BGA	an	2880 Kasse	400	400
7.	Wir kaufen Rohstoffe auf Ziel. € 5.950,00	2000 Rohstoffe	an	4400 Vbl.	5.950,00	5.950,00
8.	Wir verkaufen ein Grundstück gegen Bankscheck. € 250.000,00	2800 Bank	an	500 Unbeb. Grundst.	250.000,00	250.000,00
9.	Wir kaufen einen PKW auf Ziel. € 35.700,00	840 Fuhrpark	an	4400 Vbl.	35.700,00	35.700,00
10.	Wir bezahlen einen Teil unseres Darlehens zurück (Banküberweisung). € 10.000,00	4250 Hypothek	an	2800 Bank	10.000,00	10.000,00
	Summe:				554.410,00	554.410,00

Bilanzveränderungen:
1 = Aktivtausch, 2 = Passivtausch, 3 = Aktiv-Passiv-Mehrung,
4 = Aktiv-Passiv-Minderung

1	4	3	1	1	1	3	1	3	4

Übungsaufgabe 2

Nr.	Geschäftsvorfälle	Konten			Betrag in €	
		Soll	an	Haben	Soll	Haben
1.	Wir verkaufen einen PKW gegen Barzahlung. € 11.900,00	Kasse	an	PKW	11.900,00	11.900,00
2.	Unser Kunde bezahlt eine offene Rechnung durch Banküberweisung. € 35.700,00	Bank	an	Forde-rungen	35.700,00	35.700,00
3.	Wir kaufen ein Grundstück und nehmen dafür eine Hypothek auf. € 200.000,00	Grund-stücke	an	Hypo-thek	200.000,00	200.000,00
4.	Unser Kunde bezahlt eine offene Forderung durch Bank. € 29.750,00	Bank	an	Forde-rungen	29.750,00	29.750,00
5.	Wir kaufen einen neuen Schrank gegen Barzahlung. € 476,00	BGA	an	Kasse	476,00	476,00
6.	Wir kaufen Waren auf Ziel. € 17.850,00	Waren	an	Vbl.	17.850,00	17.850,00
7.	Wir verkaufen einen LKW gegen Bankscheck. € 29.750,00	Bank	an	LKW	29.750,00	29.750,00
8.	Wir kaufen einen PKW auf Ziel. € 23.800,00	PKW	an	Vbl.	23.800,00	23.800,00
9.	Wir bezahlen einen Teil unserer Hypo-thek zurück (Bank-überweisung). € 1.000,00	Hypothek	an	Bank	1.000,00	1.000,00

10.	Wir kaufen einen Schreibtisch gegen Barzahlung. € 1.785,00	BGA	an	Kasse	1.785,00	1.785,00
	Summe:				352.011,00	352.011,00

Bilanzveränderungen:
1 = Aktivtausch, 2 = Passivtausch,
3 = Aktiv-Passiv-Mehrung, 4 = Aktiv-Passiv-Minderung

1	1	3	1	1	3	1	3	4	1

Übungsaufgabe 3

Nr.	Geschäftsvorfälle	Konten			Betrag in €	
		Soll	an	Haben	Soll	Haben
1.	Kauf eines PKW gegen Barzahlung.	PKW	an	Kasse	23.800,00	23.800,00
2.	Ein Kunde bezahlt eine offene Forderung.	Bank	an	Forderungen	11.900,00	11.900,00
3.	Kauf eines Gebäudes durch Aufnahme einer Hypothek.	Gebäude	an	Hypothek	200.000,00	200.000,00
4.	Tilgung der Hypothek durch Banküberweisung.	Hypothek	an	Bank	10.000,00	10.000,00
5.	Kauf einer BGA durch Bank.	BGA	an	Bank	4.760,00	4.760,00
6.	Bareinzahlung auf das Bankkonto.	Bank	an	Kasse	5.000,00	5.000,00
7.	Zahlung einer Vbl. durch Bank.	Verbindlichkeiten	an	Bank	25.000,00	25.000,00
8.	Kauf von Rohstoffen auf Ziel.	Rohstoffe	an	Verbindlichkeiten	30.000,00	30.000,00
9.	Rücksendung an den Lieferanten.	Verbindlichkeiten	an	Rohstoffe	10.000,00	10.000,00
10.	Barabhebung vom Bankkonto.	Kasse	an	Bank	1.000,00	1.000,00

Bilanzveränderungen:
1 = Aktivtausch, 2 = Passivtausch, 3 = Aktiv-Passiv-Mehrung,
4 = Aktiv-Passiv-Minderung

1	1	3	4	1	1	4	3	4	1

Übungsaufgabe 4

Nr.	Geschäftsvorfälle	Konten Soll	an	Haben	Betrag in € Soll	Haben
1.	Wir kaufen einen PKW und nehmen dafür ein Darlehen auf. € 20.000,00	0840 Fuhrpark	an	4230 Darlehen	20.000,00	20.000,00
2.	Wir bezahlen eine Lieferantenrechnung durch Banküberweisung. € 10.000,00	4400 Vbl.	an	2800 Bank	10.000,00	10.000,00
3.	Wir kaufen ein Grundstück und nehmen dafür eine Hypothek auf. € 200.000,00	0500 Grundstücke	an	4250 Hypothek	200.000,00	200.000,00
4.	Unser Kunde bezahlt eine offene Forderung durch Bank. € 11.900,00	2800 Bank	an	2400 Ford.	11.900,00	11.900,00
5.	Wir kaufen einen Computer gegen Barzahlung. € 2.500,00	0870 BGA	an	2880 Kasse	2.500,00	2.500,00
6.	Wir verkaufen einen gebrauchten Aktenschrank gegen Barzahlung. € 500,00	2880 Kasse	an	0870 BGA	500	500
7.	Wir kaufen Rohstoffe auf Ziel. € 4.000,00	2000 Rohstoffe	an	4400 Vbl.	4.000,00	4.000,00

8.	Umwandlung einer Lieferschuld in ein Darlehen € 40.000,00	4400 Vbl.	an	4210 Darlehen	40.000,00	40.000,00
9.	Wir kaufen einen Tresor gegen Barzahlung. € 1.000,00	0870 BGA	an	2880 Kasse	1.000,00	1.000,00
10.	Wir heben vom Bankkonto € 500,00 ab und legen das Geld in die Kasse.	2880 Kasse	an	2800 Bank	500,00	500,00
11.	Wir kaufen einen PKW auf Ziel. € 30.000,00	0840 Fuhrpark	an	4400 Vbl.	30.000,00	30.000,00
12.	Wir bezahlen einen Teil unseres Darlehens durch Banküberweisung zurück. € 10.000,00	4210 Darlehen	an	2800 Bank	10.000,00	10.000,00

Eröffnungsbilanzkonto:

Soll		EBK		Haben
EK	80.000	Grundstücke	100.000	
Hypothek	400.000	Gebäude	300.000	
Verbindlichk.	200.000	Maschinen	100.000	
		Fuhrpark	50.000	
		BGA	40.000	
		Rohstoffe	30.000	
		Forderungen	20.000	
		Bank	30.000	
		Kasse	10.000	
	680.000		680.000	

Schlussbilanzkonto:

Soll		SBK		Haben
Grundstücke	300.000	EK	80.000	
Gebäude	300.000	Hypothek	600.000	
Maschinen	100.000	Darlehen	50.000	
Fuhrpark	100.000	Verbindlichk.	184.000	
BGA	43.000			
Rohstoffe	34.000			
Forderungen	8.100			
Bank	21.400			
Kasse	7.500			
914.000		914.000		

Soll	Grundstücke		Haben	Soll	Gebäude		Haben
AB	100.000	EB	300.000	AB	300.000	EB	300.000
3. Hypothek	200.000						
	300.000		300.000		300.000		300.000

Soll	Maschinen		Haben	Soll	BGA		Haben
AB	100.000	EB	100.000	AB	40.000	EB	43.000
				5. Kasse	2.500	6. Kasse	500
				9. Kasse	1.000		
	100.000		100.000		43.500		43.500

Soll	Fuhrpark		Haben	Soll	Rohstoffe		Haben
AB	50.000	EB	100.000	AB	30.000	EB	34.000
1. Darl.	20.000			7. Vbl.	4.000		
11. Vbl.	30.000						
	100.000		100.000		34.000		34.000

Soll	Forderungen		Haben	Soll	Bank		Haben
AB	20.000	4. Bank	11.900	AB	30.000	2. Vbl.	10.000
		EB	8.100	4. Ford.	11.900	10. Kasse	500
						12. Darlehen	10.000
						EB	21.400
	20.000		20.000		41.900		41.900

Soll	Kasse		Haben	Soll	Verbindlichkeiten		Haben
AB	10.000	5. BGA	2.500	2. Bank	10.000	AB	200.000
6. BGA	500	9. BGA	1.000	8. Darlehen	40.000	7. Rohstoffe	4.000
10. Bank	500	EB	7.500	EB	184.000	11.	30.000
	11.000		11.000		234.000		234.000

Soll	EK		Haben	Soll	Hypothek		Haben
EB	80.000	AB	80.000	EB	600.000	AB	400.000
						3. Grst.	200.000
	80.000		80.000		600.000		600.000

Soll	Darlehen		Haben
12. Bank	10.000	AB	0
EB	50.000	1. Fuhrp.	20.000
		8. Vbl.	40.000
	60.000		60.000

Übungsaufgabe 5

		Konten			Betrag in €	
Nr.	Geschäftsvorfälle	Soll	an	Haben	Soll	Haben
1.	Wir bezahlen Gehälter durch Banküberweisung. € 5.000,00	6300 Gehälter	an	2800 Bank	5.000,00	5.000,00
2.	Wir bezahlen die Miete durch Onlinebanking. € 200,00	6700 Miete	an	2800 Bank	200,00	200,00
3.	Wir kaufen Briefmarken und zahlen bar. €100,00	6820 Porto	an	2880 Kasse	100,00	100,00
4.	Wir bezahlen die Telefonrechnung durch Onlinebanking. € 200,00	6830 Telefon	an	2800 Bank	200,00	200,00
5.	Wir kaufen Druckerpapier. Barzahlung € 59,50	6800 Büromaterial	an	2880 Kasse	59,50	59,50
6.	Wir erhalten durch eine Bankgutschrift Zinserträge über € 100,00.	2800 Bank	an	5710 Zinserträge	100,00	100,00

7.	Wir bezahlen die Stromrechnung durch Onlinebanking. € 150,00	6050 Energie- kosten	an	2800 Bank	150,00	150,00
8.	Wir bezahlen die Benzinrechnung bar. € 119,00	6050 Benzin	an	2880 Kasse	119,00	119,00
9.	Wir erhalten Provision durch Bank. € 2.380,00	2800 Bank	an	5410 Provi- sions- erträge	2.380,00	2.380,00
10.	Wir bezahlen die Versicherungsbei- träge durch Bank. € 3.000,00	6900 Ver- sicherung	an	2800 Bank	3.000,00	3.000,00
11.	Wir bezahlen Bank- zinsen. € 200,00	7510 Zinsen	an	2800 Bank	200,00	200,00
12.	Wir bezahlen Kontoführungs- gebühren. € 50,00	6750 Kosten des Geld- verkehrs	an	2800 Bank	50,00	50,00

Übungsaufgabe 6

		Konten			Betrag in €	
Nr.	Geschäftsvorfälle	Soll	an	Haben	Soll	Haben
1.	Wir überweisen die Miete. € 11.900,00 (brutto)	6700 Miete	an	2800 Bank	11.900,00	11.900,00
2.	Die Kfz-Versiche- rung beträgt € 600,00 (Bankzahlung).	6900 Versiche- rungen	an	2800 Bank	600,00	600,00
3.	Der Inhaber ent- nimmt € 100,00 aus der Kasse.	3001 Privat	an	2880 Kasse	100,00	100,00

4.	Wir verkaufen unsere Erzeugnisse auf Ziel. € 47.600,00 (brutto)	2400 Ford.	an	5000 Erlöse 4800 USt.	47.600,00	40.000,00 7.600,00
5.	Die Bank schreibt uns Zinsen gut. € 250,00	2800 Bank	an	5710 Zinsen	250,00	250,00
6.	Die Einkommensteuer wird durch die Bank überwiesen. € 3.000,00	3001 Privat	an	2800 Bank	3.000,00	3.000,00
7.	Wir kaufen Hilfsstoffe auf Ziel. € 4.000,00 (netto)	2020 Hilfsstoffe 2600 Vorst.	an	4400 Vbl.	4.000,00 760,00	4.760,00
8.	Privateinlage bar € 5.000,00	2880 Kasse	an	3001 Privat	5.000,00	5.000,00
9.	Verbrauch von Rohstoffen für € 20.000,00	6000 Aufw. für Rohstoffe	an	Rohstoffe	20.000,00	20.000,00
10.	Die Benzinrechnung beträgt € 71,40 (Kasse).	6050 Benzin 2600 Vorst.	an	2880 Kasse	60,00 11,40	71,40
11.	Der Inhaber entnimmt Handelswaren aus dem Warenlager. Der Einkaufspreis beträgt € 200,00, der Verkaufspreis € 399,00.	3001 Privat	an	5420 Entnahme von Gegenständen 4800 USt.	238,00	200,00 38,00
12.	Der Inhaber legt € 500,00 in die Kasse.	2880 Kasse	an	3001 Privat	500,00	500,00

Soll		EBK	Haben	
EK	363.000,00	Grundstücke		100.000,00
Darlehen	500.000,00	Gebäude		450.000,00
Verbindlichk.	23.800,00	Maschinen		110.000,00
		Fuhrpark		55.000,00
		BGA		41.000,00
		Rohstoffe		60.000,00
		Hilfsstoffe		0,00
		Forderungen		23.800,00
		Bank		35.000,00
		Kasse		12.000,00
	886.800,00			886.800,00

Bestandskonten:

Soll		Grundstücke	Haben	
AB	100.000,00	EB		100.000,00
	100.000,00			100.000,00

Soll		Maschinen	Haben	
AB	110.000,00	EB		110.000,00
	110.000,00			110.000,00

Soll		Fuhrpark	Haben	
AB	55.000,00	EB		55.000,00
	55.000,00			55.000,00

Soll	SBK	Haben	
Grundstücke	100.000,00	EK	374.952,00
Gebäude	450.000,00	Darlehen	500.000,00
Maschinen	110.000,00	Verbindlichk.	28.560,00
Fuhrpark	55.000,00	USt.-Zahllast	4.966,60
BGA	41.000,00		
Rohstoffe	40.000,00		
Hilfsstoffe	4.000,00		
Forderungen	71.400,00		
Bank	19.750,00		
Kasse	17.328,60		
	908.478,60		908.478,60

Soll	Gebäude	Haben	
AB	450.000,00	EB	450.000,00
	450.000,00		450.000,00

Soll	BGA	Haben	
AB	41.000,00	EB	41.000,00
	41.000,00		41.000,00

Soll	Rohstoffe	Haben	
AB	60.000,00	9. Bestandsver.	20.000,00
		EB	40.000,00
	60.000,00		60.000,00

Soll	Forderungen		Haben
AB	23.800,00		
4. Erlöse	47.600,00	EB	71.400,00
	71.400,00		71.400,00

Soll	Kasse		Haben
AB	12.000,00	3. Privat	100,00
8. Privat	5.000,00	10. Benzin	71,40
12. Privat	500,00	EB	17.328,60
	17.500,00		17.500,00

Soll	EK		Haben
EB	374.952,00	AB	363.000,00
		Privat	2.162,00
		GuV	9.790,00
	374.952,00		374.952,00

Soll	Vorsteuer		Haben
1. Bank	1.900,00	Umsatzsteuer	2.671,40
7. Vbl	760,00		
10. Kasse	11,40		
	2.671,40		2.671,40

Soll	Privat		Haben
3. Kasse	100,00	8. Kasse	5.000,00
6. Bank	3.000,00	12. Kasse	500,00
11. Entnahme	238,00		
EK	2.162,00		
	5.500,00		5.500,00

Soll	Bank		Haben
AB	35.000,00	1. Miete	11.900,00
5. Zinsen	250,00	2. Vers.	600,00
		6. Privat	3.000,00
		EB	19.750,00
	35.250,00		35.250,00

Soll	Verbindlichkeiten		Haben
		AB	23.800,00
		7. Hilfsstoffe	4.760,00
EB	28.560,00		
	28.560,00		28.560,00

Soll	Darlehen		Haben
EB	500.000,00	AB	500.000,00
	500.000,00		500.000,00

Soll	Umsatzsteuer		Haben
Vorsteuer	2.671,40	AB	0,00
EB	4.966,60	4. Ford.	7.600,00
		11. Entnahme	38,00
	7.638,00		7.638,00

Soll	Hilfsstoffe		Haben
AB	0,00	EB	4.000,00
7. Vbl.	4.000,00		
	4.000,00		4.000,00

Erfolgskonten:

Soll	Miete		Haben
1. Bank	10.000,00	GuV	10.000,00
	10.000,00		10.000,00

Soll	Umsatzerlöse		Haben
GuV	40.000,00	4. Ford.	40.000,00
	40.000,00		40.000,00

Soll	Aufwand für Rohstoffe		Haben
9. Bestandsv.	20.000,00	GuV	20.000,00
	20.000,00		20.000,00

Soll	Entnahme von Gegenständen		Haben
GuV	200,00	11. Privat	200,00
	200,00		200,00

Soll	Versicherungen		Haben
2. Bank	600,00	GuV	600,00
	600,00		600,00

Soll	Zinserträge		Haben
GuV	250,00	5. Bank	250,00
	250,00		250,00

Soll	Benzin		Haben
10. Kasse	60,00	GuV	60,00
	60,00		60,00

Soll	GuV		Haben
Miete	10.000,00	Umsatzerlöse	40.000,00
Versicher.	600,00	Zinserträge	250,00
Aufw. f. Rohst.	20.000,00	Entnahme	200,00
Benzin	60,00		
EK (Gewinn)	9.790,00		
	40.450,00		40.450,00

Aufgaben zur Selbstkontrolle zu Kapitel 3

Frage	Antwort
1. Worin unterscheiden sich Sachkonten von Personenkonten?	Sachkonten sind alle Konten der Buchhaltung, Personenkonten sind die Debitoren und die Kreditoren.
2. Auf welcher Kontenseite im Vermögenskonto wird ein Zugang gebucht?	Im Vermögenskonto wird der Zugang auf der Sollseite gebucht.
3. Nennen Sie einen Aktivtausch.	Kasse an Bank oder BGA an Bank
4. Nennen Sie eine Aktiv-Passiv-Mehrung.	Kauf von Rohstoffen auf Ziel
5. Wie wird die private Geld-entnahme gebucht?	privat an Kasse oder Bank
6. Welche Gesellschaftsform darf ein Privatkonto führen?	nur Personengesellschaften, nicht die Kapitalgesellschaften
7. In welcher Form müssen Kapitalgesellschaften die GuV erstellen?	in Staffelform
8. Über welches Konto wird der Saldo der GuV abgeschlossen?	über das Eigenkapitalkonto
9. Zählen Sie drei Aufwandskonten auf.	Versicherungen, Gehälter, Miete
10. Zählen Sie drei Ertragskonten auf.	Umsatzerlöse, Zinserträge, Provisions-erträge

Übungsaufgabe 7

Nr.	Geschäftsvorfälle	Soll	an	Haben	Soll	Haben
		Konten			**Betrag in €**	
1.	Wir kaufen Roh-stoffe auf Ziel. € 29.750,00 (brutto)	2000 Roh-stoffe 2600 Vor-steuer	an	4400 Vbl.	25.000,00 4.750,00	29.750,00
2.	Überweisung der USt.-Zahllast	4800 USt.	an	2800 Bank	6.000,00	6.000,00
3.	Wir bezahlen eine Lieferantenrech-nung durch Bank-überweisung. € 11.900,00	4400 Vbl.	an	2800 Bank	11.900,00	11.900,00

4.	Unser Kunde bezahlt eine offene Forderung durch Bank. € 3.570,00	2800 Bank	an	2400 Ford.	3.570,00	3.570,00
5.	Wir bezahlen eine Anzeigenrechnung durch Bank. € 178,50	6870 Werbung 2600 Vorsteuer	an	2800 Bank	150,00 28,50	178,50
6.	Wir verkaufen eigene Erzeugnisse gegen Bankzahlung für € 119.000,00 (brutto).	2800 Bank	an	5000 Erlöse 4800 USt.	119.000,00	100.000,00 19.000,00
7.	Wir kaufen Hilfsstoffe auf Ziel. € 9.520,00 (brutto)	2020 Hilfsstoffe 2600 Vorsteuer	an	4400 Vbl.	8.000,00 1.520,00	9.520,00
8.	Wir bezahlen Paketgebühren. € 10,00	6820 Porto	an	2880 Kasse	10,00	10,00
9.	Wir überweisen die Löhne. € 3.000,00	6200 Löhne	an	2800 Bank	3.000,00	3.000,00
10.	Rohstoffverbrauch lt. Entnahmescheinen über € 15.000,00	6000 Aufwend. f. Rohst.	an	2000 Rohstoffe	15.000,00	15.000,00
11.	Hilfsstoffverbrauch lt. Entnahmescheinen über € 20.000,00	6020 Aufwend. f. Hilfsstoffe	an	2020 Hilfsstoffe	20.000,00	20.000,00
12.	Wir lassen unsere Maschinen instand halten. Die Zahlung erfolgt durch die Bank. € 23.800,00 (brutto)	6160 Instandh. 2600 Vorsteuer	an	2800 Bank	20.000,00 3.800,00	23.800,00
13.	Unsere Bank belastet uns mit Bankgebühren. € 30,00	6750 Kosten des Geldverkehrs	an	2800 Bank	30,00	30,00

| 14. | Wir überweisen die Telefongebühren. € 119,00 | 6830 Telefon 2600 Vorsteuer | an | 2800 Bank | 100,00 19,00 | 119,00 |
| 15. | Wir bezahlen die Rechnung von unserem Steuerberater durch Banküberweisung. € 4.760,00 (brutto) | 6770 Rechts- u. Beratungskosten 2600 Vorsteuer | an | 2800 Bank | 4.000,00 760,00 | 4.760,00 |

Soll		EBK		Haben
EK	358.950,00	Grundstücke		220.000,00
Darlehen	400.000,00	Gebäude		350.000,00
Verbindlichk.	29.750,00	Maschinen		30.000,00
Umsatzst.	6.000,00	Fuhrpark		14.000,00
		BGA		10.000,00
		Rohstoffe		80.000,00
		Hilfsstoffe		30.000,00
		Forderungen		35.700,00
		Bank		20.000,00
		Kasse		5.000,00
	794.700,00			794.700,00

Soll		SBK		Haben
Grundstücke	220.000,00	EK		396.660,00
Gebäude	350.000,00	Darlehen		400.000,00
Maschinen	30.000,00	Verbindlichk.		57.120,00
Fuhrpark	14.000,00	USt.-Zahllast		8.122,50
BGA	10.000,00			
Rohstoffe	90.000,00			
Hilfsstoffe	18.000,00			
Forderungen	32.130,00			
Bank	92.782,50			
Kasse	4.990,00			
	861.902,50			861.902,50

Soll		GuV	Haben	
Rechtsber.	4.000,00	Umsatzerlöse	100.000,00	
Werbung	150,00			
Porto	10,00			
Löhne	3.000,00			
Rohstoffverb.	15.000,00			
Hilfsstoffverb.	20.000,00			
Instandhaltung	20.000,00			
Kosten d. Geld.	30,00			
Telefon	100,00			
EK (Gewinn)	37.710,00			
	100.000,00		100.000,00	

Übungsaufgabe 8

		Konten			Betrag in €	
Nr.	Geschäftsvorfälle	Soll	an	Haben	Soll	Haben
1.	Wir überweisen die Gewerbesteuer durch Bank. € 5.000,00	7700 GewSt.	an	2800 Bank	5.000,00	5.000,00
2.	Die Grunderwerbsteuer beträgt € 10.000,00 (Bank).	0500 Grundstücke	an	2800 Bank	10.000,00	10.000,00
3.	Das Finanzamt setzt Säumniszuschläge für die verspätete Zahlung der Umsatzsteuerzahllast fest. € 30,00 (Bank)	6940 Sonstige Aufwendungen	an	2800 Bank	30,00	30,00
4.	Überweisung der USt.-Zahllast in Höhe von € 3.000,00	4800 USt.	an	2800 Bank	3.000,00	3.000,00

5.	Unser Steuerberater schickt folgende Gebührenrechnung: Erstellung der Bilanz € 2.500,00, der GewSt.-Erklärung € 500,00, der ESt.-Erklärung € 1.000,00 zuzüglich jeweils 19 % USt. (Bank).	6770 Rechtsberatung 3001 Privat 2600 Vorst.	an	2800 Bank	3.000,00 1.190,00 570,00	4.760,00
6.	Überweisung der ESt.-Vorauszahlung durch Bank € 4.000,00	3001 Privat	an	2800 Bank	4.000,00	4.000,00
7.	Säumniszuschläge zu Nr. 6 € 40,00	3001 Privat	an	2800 Bank	40,00	40,00
8.	Wir bezahlen die Kfz-Steuer durch Onlinebanking. € 800,00	7030 Kfz-Steuer	an	2800 Bank	800,00	800,00
9.	Rückerstattung der Kfz-Steuer in Höhe von € 100,00 auf das betriebliche Bankkonto für das Privatfahrzeug	2800 Bank	an	3001 Privat	100,00	100,00
10.	Die Grundsteuer wird überwiesen. € 300,00	7020 Grundsteuer	an	2800 Bank	300,00	300,00

Aufgaben zur Selbstkontrolle zu Kapitel 4

Frage	Antwort
1. Mit welcher Steuer wird der Ertrag besteuert?	Mit der Einkommensteuer, der Körperschaftsteuer und der Gewerbesteuer
2. Welche steuerlichen Nebenleistungen kennen Sie?	Säumniszuschläge, Verspätungszuschläge, Zwangsgelder, Bußgelder, Zinsen

3. Wie hoch ist der Säumnis-zuschlag?	pro angefangenem Monat 1% der geschuldeten Steuer
4. Nennen Sie zwei Aufwand-steuern.	Kfz-Steuer, GewSt oder Grundsteuer
5. Über welches Konto wird die Grunderwerbsteuer gebucht?	über das Konto Grundstücke
6. Nennen Sie eine durchlaufende Steuer.	Lohnsteuer und umgangssprachlich auch die Umsatzsteuer
7. Wann fällt die Umsatzsteuer an?	In der Regel nach vereinbartem Entgelt.
8. Was versteht man unter Zahllast?	Die Zahllast ist der Unterschieds-betrag zwischen eingenommener Umsatzsteuer und bezahlter Vorsteuer.
9. Was versteht man unter Traglast?	Die Traglast ist der Betrag, den der Endverbraucher zahlen muss.
10. Wer ist einkommensteuer-pflichtig?	natürliche Personen mit Wohnsitz oder gewöhnlichem Aufenthalt im Inland

Übungsaufgabe 9

Fertigungsmaterial		10.000,00 €	
Fertigungslöhne		20.000,00 €	
HK I			**30.000,00 €**
Fertigungsmaterial		10.000,00 €	
MGK	15,00 %	1.500,00 €	
Materialkosten			11.500,00 €
Fertigungslöhne		20.000,00 €	
FGK	80,00 %	16.000,00 €	
Fertigungskosten			36.000,00 €
HK II			**47.500,00 €**
VwGK	10,00 %		4.750,00 €
HK III			**52.250,00 €**

Übungsaufgabe 10

Nr.	Geschäftsvorfälle	Konten Soll	an	Konten Haben	Betrag in € Soll	Betrag in € Haben
1.	Wir verkaufen eigene Erzeugnisse auf Ziel. € 71.400,00	2400 Ford.	an	5000 Erlöse 4800 USt.	71.400,00	60.000,00 11.400,00
2.	Überweisung der USt.-Zahllast € 5.000,00	4800 USt.	an	2800 Bank	5.000,00	5.000,00
3.	Wir bezahlen eine Lieferantenrechnung durch Banküberweisung. € 11.900,00 abzüglich 3 % Skonto	4400 Vbl.	an	2800 Bank 2002 Nachl. 2600 Vorst.	11.900,00	11.543,00 300,00 57,00
4.	Wir überweisen die Gehälter. € 3.000,00	6300 Gehälter	an	2800 Bank	3.000,00	3.000,00
5.	Unser Kunde bezahlt eine offene Forderung durch Bank. € 7.140,00 abzüglich 3 % Skonto	2800 Bank 5001 Erlösberichtigung 4800 USt.	an	2400 Ford.	6.925,80 180,00 34,20	7.140,00
6.	Wir kaufen Rohstoffe auf Ziel. € 29.750,00	2000 Rohstoffe 2600 Vorst.	an	4400 Vbl	25.000,00 4.750,00	29.750,00
7.	Wir bezahlen die Gewerbesteuer durch Bank. € 2.000,00	7700 GewSt.	an	2800 Bank	2.000,00	2.000,00
8.	Wir kaufen Disketten und Druckerpapier. Wir zahlen € 119,00 bar.	6800 Büromaterial 2600 Vorst.	an	2880 Kasse	100,00 19,00	119,00

9.	Wir bezahlen die Telefonrechnung durch Onlinebanking. € 357,00 (brutto)	6830 Telefon 2600 Vorst.	an	2800 Bank	300,00 57,00	357,00
10.	Wir kaufen Briefmarken gegen Barzahlung. € 100,00	6820 Porto	an	2880 Kasse	100,00	100,00
11.	Wir heben vom Bankkonto € 500,00 ab und legen das Geld in die Kasse.	2880 Kasse	an	2800 Bank	500,00	500,00
12.	Der Rohstoffverbrauch beträgt € 40.000,00.	6000 Aufw. f. Rohstoffe	an	2000 Rohstoffe	40.000,00	40.000,00
13.	Wir bezahlen die Betriebshaftpflichtversicherung durch Bank. € 3.000,00	6900 Vers.	an	2800 Bank	3.000,00	3.000,00
14.	Wir erhalten eine Bonusgutschrift über € 4.760,00.	4400 Vbl.	an	2002 Nachl. 2600 Vorst.	4.760,00	4.000,00 760,00
15.	Wir überweisen Frachtkosten für eingehende Rohstoffe. € 238,00 (brutto)	2001 Bezugskosten 2600 Vorst.	an	2800 Bank	200,00 38,00	238,00
16.	Unser Kunde erhält eine Bonusgutschrift über € 1.190,00.	5001 Erlösbricht. 4800 USt.	an	2400 Ford.	1.000,00 190,00	1.190,00
17.	Die Bank belastet uns mit € 200,00 Zinsen.	7510 Zinsen	an	2800 Bank	200,00	200,00

Soll		EBK	Haben
EK	242.300,00	Grundstücke	125.000,00
Darlehen	320.000,00	Gebäude	250.000,00
Verbindlichk.	59.500,00	Maschinen	60.000,00
Umsatzst.	5.000,00	Fuhrpark	35.000,00
		BGA	23.000,00
		Rohstoffe	50.000,00
		Hilfsstoffe	10.000,00
		Forderungen	23.800,00
		Bank	46.000,00
		Kasse	4.000,00
	626.800,00		626.800,00

Bestandskonten:

Soll		0510 Grundstücke	Haben
AB	125.000,00	EB	125.000,00
	125.000,00		125.000,00

Soll		0700 Maschinen	Haben
AB	60.000,00	EB	60.000,00
	60.000,00		60.000,00

Soll		0840 Fuhrpark	Haben
AB	35.000,00	EB	35.000,00
	35.000,00		35.000,00

Soll		SBK		Haben
Grundstücke	125.000,00	EK		252.420,00
Gebäude	250.000,00	Darlehen		320.000,00
Maschinen	60.000,00	Verbindlichk.		72.590,00
Fuhrpark	35.000,00	USt.-Zahllast		7.128,80
BGA	23.000,00			
Rohstoffe	30.900,00			
Hilfsstoffe	10.000,00			
Forderungen	86.870,00			
Bank	27.087,80			
Kasse	4.281,00			
	652.138,80			652.138,80

Soll		0520 Gebäude		Haben
AB	250.000,00	EB		250.000,00
	250.000,00			250.000,00

Soll		0870 BGA		Haben
AB	23.000,00	EB		23.000,00
	23.000,00			23.000,00

Soll		2000 Rohstoffe		Haben
AB	50.000,00	12. Bestandsv.		40.000,00
6. Vbl.	25.000,00	Nachlässe		4.300,00
Bezugskosten	200,00	EB		30.900,00
	75.200,00			75.200,00

Soll	2400 Forderungen		Haben
AB	23.800,00	5. Bank	7.140,00
1. Erlöse	71.400,00	16. Erlösb.	1.190,00
		EB	86.870,00
	95.200,00		95.200,00

Soll	2880 Kasse		Haben
AB	4.000,00	8. Büromat.	119,00
11. Bank	500,00	10. Porto	100,00
		EB	4.281,00
	4.500,00		4.500,00

Soll	3000 EK		Haben
EB	252.420,00	AB	242.300,00
		Privat	0,00
		GuV	10.120,00
	252.420,00		252.420,00

Soll	2600 Vorsteuer		Haben
6. Vbl.	4.750,00	Umsatzsteuer	4.047,00
8. Büromaterial	19,00	3. Vbl.	57,00
9. Telefon	57,00	14. Vbl.	760,00
15. Bezugsk.	38,00		
	4.864,00		4.864,00

Soll		2800 Bank		Haben
AB	46.000,00	2. USt.		5.000,00
5. Ford.	6.925,80	3. Vbl.		11.543,00
		4. Gehälter		3.000,00
		7. GewSt.		2.000,00
		9. Telefon		357,00
		11. Kasse		500,00
		13. Versich.		3.000,00
		15. Bezugsk.		238,00
		17. Zinsen		200,00
		EB		27.087,80
	52.925,80			52.925,80

Soll		4400 Verbindlichkeiten		Haben
3. Bank	11.900,00	AB		59.500,00
14. Nachlässe	4.760,00	6. Rohstoffe		29.750,00
EB	72.590,00			
	89.250,00			89.250,00

Soll		4250 Darlehen		Haben
EB	320.000,00	AB		320.000,00
	320.000,00			320.000,00

Soll		4800 Umsatzsteuer		Haben
2. Bank	5.000,00	AB		5.000,00
5. Ford.	34,20	1. Ford.		11.400,00
16. Erlösber.	190,00			
Vorsteuer	4.047,00			
EB	7.128,80			
	16.400,00			16.400,00

Soll		2020 Hilfsstoffe		Haben
AB	10.000,00	EB		10.000,00
	10.000,00			10.000,00

Erfolgskonten:

Soll	6200 Gehälter		Haben
4. Bank	3.000,00	GuV	3.000,00
	3.000,00		3.000,00

Soll	5000 Umsatzerlöse		Haben
GuV	58.820,00	1. Ford.	60.000,00
Erlösbericht.	1.180,00		
	58.820,00		60.000,00

Soll	6000 Aufw. für Rohstoffe		Haben
12. Bestandsv.	40.000,00	GuV	40.000,00
	40.000,00		40.000,00

Soll	7700 GewSt.		Haben
7. Bank	2.000,00	GuV	2.000,00
	2.000,00		2.000,00

Soll	6800 Büromaterial		Haben
8. Kasse	100,00	GuV	100,00
	100,00		100,00

Soll	6820 Porto		Haben
10. Kasse	100,00	GuV	100,00
	100,00		100,00

Soll	6900 Versicherung		Haben
13. Bank	3.000,00	GuV	3.000,00
	3.000,00		3.000,00

Soll	6020 Aufw. f. Hilfsstoffe		Haben
		GuV	0,00
	0,00		0,00

Soll	7510 Zinsaufwand		Haben
16. Bank	200,00	GuV	200,00
	200,00		200,00

Soll	6830 Telefon		Haben
9. Bank	300,00	GuV	300,00
	300,00		300,00

Soll	GuV		Haben
Gehälter	3.000,00	Umsatzerlöse	58.820,00
Porto	100,00		
Versicherung	3.000,00		
Rohstoffverb.	40.000,00		
Hilfsstoffverb.	0,00		
GewSt.	2.000,00		
Zinsaufwand	200,00		
Büromaterial	100,00		
Telefon	300,00		
EK (Gewinn)	10.120,00		
	58.820,00		58.820,00

Unterkonten Erfolgskonten:

Soll	2002 Nachlässe		Haben
Rohstoffe	4.300,00	3. Vbl.	300,00
		14. Vbl.	4.000,00
	4.300,00		4.300,00

Soll	2001 Bezugskosten		Haben
15. Bank	200,00	Rohstoffe	200,00
	200,00		200,00

Soll	5001 Erlösberichtigungen		Haben
5. Ford.	180,00	Erlöse	1.180,00
16. Ford.	1.000,00		
	1.180,00		1.180,00

Übungsaufgabe 11

Nr.	Geschäftsvorfälle	Konten			Betrag in €	
		Soll	an	Haben	Soll	Haben
1.	Wir kaufen gegen Barzahlung einen Drucker für € 400,00 (netto).	0860 BGA 2600 Vorst.	an	2880 Kasse	400,00 76,00	476,00
2.	Auf den Anlagekonten gibt es folgende Bestände:					
	Konto 0700 Maschinen € 100.000,00	6520 AfA	an	0700 Masch.	10.000,00	10.000,00
	Konto 0870 BGA € 80.000,00	6520 AfA	an	870 BGA	20.000,00	20.000,00
	Konto 0840 Fuhrpark € 150.000,00	6520 AfA	an	0840 Fuhrp.	28.125,00	28.125,00
	Schreiben Sie die Maschinen linear, die BGA degressiv und den Fuhrpark nach Leistung ab.					
	Es liegen folgende Zusatzangaben vor:					
	Konto 0700: Nutzungsdauer 10 Jahre					
	Konto 0870: Nutzungsdauer 12 Jahre					
	Konto 0840: Gesamtleistung 400.000 km Jahresleistung 75.000 km					

3.	Wir kaufen (Bank) einen Aktenschrank für € 350,00 (netto), einen Schreibtisch für € 390,00 (netto) und einen Monitor für den PC für € 400,00 (netto).	0890 GWG 0870 BGA 2600 Vorst.	an	2800 Bank		740,00 400,00 216,60 1.356,60
4.	Anschaffung eines PKW, Nutzungsdauer 6 Jahre, Anschaffungskosten € 36.000,00. Nehmen Sie die lineare AfA für das erste Jahr vor.	6520 AfA	an	0840 Fuhrp.		2.500,00 2.500,00
5.	Auf dem Konto Maschinen ist ein Bestand in Höhe von € 40.000,00 vorhanden. Die Maschine wird linear abgeschrieben. Die Jahresabschreibung beträgt € 10.000,00 (10 %).	a) Die AK betrugen € 100.000,00.		b) Die Maschine kann noch vier Jahre abgeschrieben werden.		
	a) Wie hoch waren die Anschaffungskosten?					
	b) Wie viele Jahre kann die Maschine noch abgeschrieben werden?					

Aufgaben zur Selbstkontrolle zu Kapitel 5

Frage	Antwort
1. Nennen Sie ein Vorsichtsprinzip.	Der Kaufmann hat vorsichtig zu bewerten. Dabei ist das Niederstwert-, das Höchstwert-, das Realisations- und das Imparitätsprinzip zu beachten.
2. Was bedeutet der Begriff „Lifo"?	Last in – first out. Dabei wird unterstellt, dass die zuletzt gekauften Waren zuerst verbraucht werden. Man bezeichnet es auch als Verbrauchsfolgeverfahren.
3. Was bedeutet der Begriff „Fifo"?	First in – first out. Dabei wird unterstellt, dass die zuerst gekauften Waren auch zuerst verbraucht werden. Dieses Verfahren ist laut Steuerrecht verboten!
4. Was ist der Teilwert?	Der Teilwert ist der Betrag, den ein Erwerber – im Rahmen des Gesamt-kaufpreises – für das einzelne Wirtschaftsgut zahlen würde. Dabei ist von der Unternehmensfortführung auszugehen.
5. Was versteht man unter dem Prinzip der Stetigkeit?	Die materielle Stetigkeit bedeutet, dass die einmal gewählte Form der Bewertung beibehalten werden muss. Die formelle Stetigkeit verlangt, dass die Bilanzgliederung eingehalten wird.
6. Wie werden die Vorräte eingeteilt?	In Rohstoffe, Hilfsstoffe, Betriebsstoffe, fertige und unfertige Erzeugnisse, Handelswaren und Anzahlungen
7. Worin besteht der Unterschied zwischen Rohstoffen und Hilfsstoffen?	Rohstoffe sind Hauptbestandteile, die in ein Produkt einfließen, während Hilfsstoffe Nebenbestandteile sind (Schrauben, Nägel etc.).

| 8. Wodurch unterscheidet sich die lineare AfA von der degressiven AfA? | *Die lineare AfA verteilt die AHK gleichmäßig über die Nutzungsdauer, während die degressive AfA einen gleich bleibenden Prozentsatz vom Restbuchwert nimmt. Die degressive AfA ist eine fallende AfA und seit dem 01.01.2008 nicht mehr zulässig.* |
| 9. Definieren Sie den Begriff der Herstellungskosten. | *Unter Herstellungskosten versteht man die Einzelkosten und die notwendigen Gemeinkosten. Die HK werden in drei Stufen eingeteilt.* |

Übungsaufgabe 12

Nr.	Geschäftsvorfälle	Konten Soll	an	Konten Haben	Betrag in € Soll	Betrag in € Haben
1.	Nehmen Sie folgende Lohnbuchungen vor: Bruttolöhne € 40.000,00, Lohn- u. Kirchensteuer € 3.600,00, Sozialversicherungsbeiträge € 6.000,00.	6200 Löhne	an	4850 Vbl. g. Mitarbeiter 4830 Vbl. aus Lohn- u. Kirchensteuer 4840 Vbl. SV	40.000,00	30.400,00 3.600,00 6.000,00
2.	Buchen Sie auch den AG-Anteil zur Sozialversicherung. € 5.700,00	6400 Gesetzl. soziale Aufw.	an	4840 Vbl. SV	5.700,00	5.700,00
3.	Die einbehaltenen Abzüge und der Lohn werden überwiesen.	4850 Vbl. g. Mitarbeiter 4830 Vbl. aus Lohn- u. Kirchensteuer 4840 Vbl. SV	an	2800 Bank	30.400,00 3.600,00 11.700,00	45.700,00
4.	Unser Mitarbeiter erhält einen Vorschuss von € 300,00 bar.	2650 Ford. an Mitarbeiter	an	2880 Kasse	300,00	300,00

5.	Nehmen Sie folgende Gehaltsbuchungen vor: Bruttolöhne € 20.000,00, Lohn- u. Kirchensteuer € 1.500,00, Sozialversicherungsbeiträge € 2.300,00, vwL € 780,00, Verrechnung eines Vorschusses € 300,00.	6300 Gehälter	an	4850 Vbl. g. Mitarbeiter 4830 Vbl. aus Lohn- u. Kirchensteuer 4840 Vbl. SV 4860 Vbl. vwL 2650 Ford. g. Mitarbeiter	20.000,00	15.120,00 1.500,00 2.300,00 780,00 300,00
6.	Buchen Sie auch den AG-Anteil zur Sozialversicherung. € 2.100,00	6410 Gesetzl. soz. Aufw.	an	4840 Vbl. SV	2.100,00	2.100,00
7.	Die einbehaltenen Abzüge und die Gehälter werden überwiesen.	4850 Vbl. g. Mitarbeiter 4830 Vbl. aus Lohn- u. Kirchensteuer 4840 Vbl. SV 4860 Vbl. vwL 2650 Ford. g. Mitarbeiter	an	2800 Bank	15.120,00 1.500,00 4.400,00 780,00	21.800,00
8.	Die Beiträge zur Berufsgenossenschaft werden durch Bank überwiesen. € 2.000,00	6420 Beiträge zur BG	an	2800 Bank	2.000,00	2.000,00
9.	Anlässlich der Weihnachtsfeier für die Belegschaft sind Kosten in Höhe von € 1.200,00 (zuzüglich 19 % USt.) angefallen (Bank).	6660 Aufw. f Belegschaftsveranstaltungen 2600 Vorst.	an	2800 Bank	1.200,00 228,00	1.428,00

10.	Unser Mitarbeiter wohnt kostenfrei in einer Werkswohnung. Die ortsübliche Vergleichsmiete beträgt € 400,00.	6350 Sachbezüge	an	5430 Verrechnete Sachbezüge	400,00	400,00

Aufgaben zur Selbstkontrolle zu Kapitel 6

Frage	Antwort
1. Worin besteht der Unterschied zwischen Löhnen und Gehältern?	Gewerbliche Arbeitnehmer erhalten Löhne, kaufmännische Arbeitnehmer Gehälter. Löhne sind in der Regel Einzelkosten, während Gehälter Gemeinkosten sind.
2. Woraus bestehen die Personalkosten?	aus Löhnen und Gehältern, aus Sozialaufwendungen, aus Beiträgen zur Berufsgenossenschaft und aus dem Umlageverfahren zur Lohnfortzahlung
3. Wer trägt die Sozialversicherungsbeiträge?	Der Arbeitnehmer und der Arbeitgeber je zur Hälfte, wobei der Arbeitnehmer noch zusätzlich 0,9 % Krankenkassenbeitrag bezahlen muss. Für die Pflegeversicherung müssen kinderlose Arbeitnehmer 0,25 % mehr bezahlen als Beschäftigte mit Kindern.
4. Bis wann müssen die Sozialversicherungsbeiträge an die Krankenkassen bezahlt werden?	Die Sozialversicherungsbeiträge müssen bis zum drittletzten Werktag des Monats an die Kassen überwiesen werden.
5. Wer trägt die Lohnsteuer?	Grundsätzlich der Arbeitnehmer. Eine Ausnahme sind die geringfügig Beschäftigten – hier trägt der Arbeitgeber die Lohnsteuer.
6. Wie werden Vorschüsse gebucht?	über das Konto 2650 Forderungen gegen Mitarbeiter
7. Bilden Sie einen Buchungssatz für eine geleistete Anzahlung.	geleistete Anzahlung und Vorsteuer an Bank

8. Bilden Sie einen Buchungssatz für eine erhaltene Anzahlung.	*Bank an erhaltene Anzahlung und Umsatzsteuer*
9. Was versteht man unter einer aktivierten Eigenleistung?	*Eine aktivierte Eigenleistung ist ein Gegenstand, der selbst produziert wurde und entweder als Vorrat im Warenbestand verbleibt oder als Anlagegut aktiviert wird.*
10. Mit welchem Wert werden Eigenleistungen gebucht?	*grundsätzlich mit den Herstellungskosten*

Übungsaufgabe 13

		Konten			Betrag in €	
Nr.	Geschäftsvorfälle	Soll	an	Haben	Soll	Haben
1.	Wir bezahlen am 01.11.20xx die Miete von insgesamt € 1.500,00 für die Monate Nov.- Jan.					
	Buchen Sie zum					
	01.11.20xx	6700 Miete	an	2800 Bank	1.500,00	1.500,00
	31.12.20xx	2900 a RAP	an	6700 Miete	500,00	500,00
	01.01.20xx	6700 Miete	an	2900 a RAP	500,00	500,00
2.	Wir überweisen die Kfz-Steuer in Höhe von € 600,00 für die Zeit vom 01.02.20xx bis 31.01.20xx.					
	Buchen Sie zum					
	01.02.20xx	7030 Kfz-St.	an	2800 Bank	600,00	600,00
	31.12.20xx	2900 a RAP	an	7030 Kfz-St.	50,00	50,00
	01.01.20xx	7030 Kfz-St.	an	2900 a RAP	50,00	50,00

3.	Unser Mieter hat die Miete für Januar bereits am 12.12.20xx überwiesen. € 1.000,00						
	Buchen Sie zum					
	12.12.20xx	2800 Bank	an	5400 Mietert.	1.000,00	1.000,00
	31.12.20xx	5400 Mietert.	an	4900 p RAP	1.000,00	1.000,00
	01.01.20xx	4900 p RAP	an	5400 Mietert.	1.000,00	1.000,00
	oder:					
	12.12.20xx	2800 Bank	an	4900 p RAP	1.000,00	1.000,00
	31.12.20xx	keine Buchung				
	01.01.20xx	4900 p RAP	an	5400 Mietert.	1.000,00	1.000,00
4.	Die uns zustehenden Zinsen für das 4. Quartal haben wir noch nicht erhalten. € 1.300,00					
	Buchen Sie zum					
	31.12.20xx	2690 Sonst. Forderungen	an	5710 Zinserträge	1.300,00	1.300,00
5.	Wir haben noch Anspruch auf Provisionszahlung für Dezember 20xx. € 2.000,00 (netto)					
	Buchen Sie zum					
	31.12.20xx	2690 Sonst. Forderungen	an	5050 Provisionserträge	2.380,00	2.000,00
				4800 USt.		380,00
6.	Wir erhalten am 15.12.07 Zinsen für die Zeit vom 01.12.07–28.02.08. € 3.000,00					

	Buchen Sie zum				
	15.12.2007	2800 Bank	an	5710 Zinsertr.	3.000,00	3.000,00
	31.12.2007	5710 Zinsert.	an	4900 p RAP	2.000,00	2.000,00
	01.01.2008	4900 p RAP	an	5710 Zinsertr.	2.000,00	2.000,00
7.	Unser Kunde hat die Verzugszinsen für Dezember 06 noch nicht bezahlt. € 200,00					
	Buchen Sie zum					
	31.12.20xx	2690 Sonst. Forderungen	an	5710 Zinsertr.	200,00	200,00
8.	Wir haben die Betriebshaftpflichtversicherung für die Zeit vom 01.07.20xx–30.06.20xx bereits am 15.07.20xx überwiesen. € 1.200,00					
	Buchen Sie zum					
	15.07.20xx	6900 Vers.	an	2800 Bank	1.200,00	1.200,00
	31.12.20xx	2900 a RAP	an	6900 Vers.	600,00	600,00
	01.01.20xx	6900 Vers.	an	2900 a RAP	600,00	600,00
9.	Wir haben die Rückerstattung der Kfz-Steuer noch nicht erhalten. € 610,00					
	Buchen Sie zum					
	31.12.20xx	2690 Sonst. Forderungen	an	6900 Vers.	610,00	610,00

10.	Die Bank schreibt uns Zinsen in Höhe von € 450,00 für die Zeit vom 01.12.20xx– 28.02.20xx gut.					
	01.12.20xx	2800 Bank	an	5710 Zinsertr.	450,00	450,00
	31.12.20xx	5710 Zinsertr.	an	4900 p RAP	300,00	300,00
	01.01.20xx	4900 p RAP	an	5710 Zinsertr.	300,00	300,00

Übungsaufgabe 14

		Konten			Betrag in €	
Nr.	Geschäftsvorfälle	Soll	an	Haben	Soll	Haben
1.	Wir rechnen mit € 5.000,00 Gewerbesteuerzahlung.	7700 Gewst.	an	3800 Steuerrückstellung	5.000,00	5.000,00
2.	Die tatsächliche Steuerschuld beträgt im nächsten Jahr aber nur € 4.900,00, die wir gleich durch Banküberweisung bezahlen.	3800 Steuerrückstellung	an	2800 Bank 5480 Erträge aus der Auflösung von Rückstellungen	5.000,00	4.900,00 100,00
3.	Die Steuerberatergebühren werden wahrscheinlich € 7.000,00 (+ 19 % USt.) betragen.	6770 Rechts- und Beratungsk.	an	3930 Rückst.	7.000,00	7.000,00
4.	Wir überweisen im folgenden Jahr die Steuerberatergebühren in Höhe von € 8.000,00 + 19 % USt.	3930 Rückst. 6990 Periodenfr. Aufw. 2600 Vorst.	an	2800 Bank	7.000,00 1.000,00 1.520,00	9.520,00

5.	Für die Reparatur des Verwaltungsgebäudes rechnen wir mit € 20.000,00. Laut Kostenvoranschlag sollen die Arbeiten im **März** ausgeführt werden.	6160 Fremdinstandhaltung	an	3930 Rückst.	20.000,00	20.000,00
6.	Für die Reparatur des Verwaltungsgebäudes rechnen wir mit € 20.000,00. Laut Kostenvoranschlag sollen die Arbeiten im **Mai** ausgeführt werden.		an	keine Buchung, da laut Steuerrecht verboten!		
7.	Die Einkommensteuerabschlusszahlung wird voraussichtlich € 4.000,00 betragen. Wir haben gebucht: 7000 Betr. Steuern an 3930 Sonst. Rückst.	Da es sich um eine Privatsteuer handelt, darf keine Buchung erfolgen. Die getätigte Buchung muss storniert werden.				
8.	Die tatsächlichen Kosten (Nr. 5) betragen € 22.000,00 + 19 % USt. (Bank).	3930 Rückst. 6990 Periodenfr. Aufw. 2600 Vorst.	an	2800 Bank	20.000,00 2.000,00 4.180,00	26.180,00
9.	Die tatsächlichen Kosten (Nr. 6) betragen € 22.000,00 + 19 % USt. (Bank).	6160 Fremdinstandhaltung 2600 Vorst.	an	2800 Bank	22.000,00 4.180,00	26.180,00
10.	Für einen laufenden Prozess rechnen wir mit € 3.500,00.	6770 Rechts- und Beratungsk.	an	3930 Rückst.	3.500,00	3.500,00

Übungsaufgabe 15

Nr.	Geschäftsvorfälle	Konten			Betrag in €	
		Soll	an	Haben	Soll	Haben
1.	Wir verkaufen Waren auf Ziel. € 35.700,00	2400 Ford.	an	5000 Erlöse 4800 USt.	35.700,00	30.000,00 5.700,00
2.	Unser Kunde beantragt das Insolvenzverfahren. Unsere Forderung beträgt € 23.800,00.	2470 Zweifelh. Forderung	an	2400 Ford.	23.800,00	23.800,00
3.	Nach Auskunft des Insolvenzverwalters beträgt der wahrscheinliche Ausfall 40 %. Das Insolvenzverfahren wurde aber noch nicht eröffnet.	6950 Abschr. Auf Ford.	an	2470 Zweifelh. Ford.	8.000,00	8.000,00
4.	Wir erhalten € 11.900,00, der Rest ist uneinbringlich.	2800 Bank 6960 Periodenfr. Aufw. 4800 USt.	an	2470 Zweifelh. Ford.	11.900,00 2.000,00 1.900,00	15.800,00
5.	Unsere Gesamtforderungen betragen € 71.400,00. Darin sind u.a. enthalten:					
6.	Kunde Geizig mit € 3.570,00. Wahrscheinlicher Ausfall 60 %.	2470 Zweifelh. Forderung	an	2400 Ford.	3.570,00	3.570,00
		6950 Abschr. Auf Ford.	an	2470 Zweifelh. Ford.	1.800,00	1.800,00

7.	Kunde Frank mit € 5.950,00. Wahrscheinlicher Ausfall 30 %.	2470 Zweifelh. Forderung	an	2400 Ford.	5.950,00	5.950,00
		6950 Abschr. Auf Ford.	an	2470 Zweifelh. Ford.	1.500,00	1.500,00
8.	Kunde Frei mit € 1.190,00. Die Forderung ist uneinbringlich.	6950 Abschr. Auf Ford. 4800 USt.	an	2400 Ford.	1.000,00 190,00	1.190,00
9.	Auf den Restbestand der Forderungen ist eine PWB in Höhe von 3 % zu bilden.	6953 Einstellung in PWB	an	3680 PWB	1.820,70	1.820,70
10.	Wir erhalten € 2.380,00 (zu Nr. 7). Der Rest ist uneinbringlich.	2800 Bank 6960 Periodenfr. Aufw. 4800 USt.	an	2470 Zweifelh. Ford.	2.380,00 570,00 330,50	3.280,50

Aufgaben zur Selbstkontrolle zu Kapitel 7

Frage	Antwort
1. Erklären Sie den Begriff „transitorische Buchungen".	*Transitorische Buchungen sind Buchungen, die in das neue Geschäftsjahr hinüber genommen werden. Hierzu gehören die aktiven und passiven Rechnungsabgrenzungsposten.*
2. Erklären Sie den Begriff „antizipative Buchungen".	*Antizipative Buchungen sind vorweggenommene Buchungen. Hierzu gehören sonstige Forderungen und sonstige Verbindlichkeiten.*
3. Worin unterscheiden sich Rückstellungen von sonstigen Verbindlichkeiten?	*Bei den Rückstellungen sind weder der Betrag noch die Fälligkeit bekannt. Bei den sonstigen Verbindlichkeiten kennt man beides.*
4. Ist die Bildung einer Rückstellung freiwillig?	*Nein, sie ist im Handels- und Steuerrecht gesetzlich geregelt.*
5. Wann muss eine Rückstellung aufgelöst werden?	*Wenn der Grund für die Bildung entfallen ist.*
6. In welche Gruppen teilt man Kundenforderungen ein?	*in einwandfreie, zweifelhafte und uneinbringliche Forderungen*
7. Weshalb werden Pauschalwertberichtigungen gebildet?	*Um das allgemeine Kreditrisiko einzugrenzen.*
8. Eine Firma rechnet mit 2.000,00 € Prozesskosten. Ist eine Buchung notwendig?	*Ja, es muss eine Rückstellung gebildet werden.*
9. Eine Firma rechnet mit 30 % Forderungsausfall. Ist eine Buchung notwendig?	*Ja, es werden 30 % abgeschrieben.*
10. Eine Firma zahlt am 01.10. die Betriebshaftpflichtversicherung durch Bank. Ist zum 31.12. eine Buchung notwendig?	*Ja, eine aktive Rechnungsabgrenzung wird gebucht.*

Verwendete Gesetzestexte

Abgabenordnung (AO):

§ 39 Abs. 2 Nr. 1	Leasing
§ 140	Verpflichtung zur Buchführung
§ 141	Verpflichtung zur Buchführung

Aktiengesetz (AktG):

§ 58 Abs. 4	Anspruch auf Dividende
§ 174	Entscheidung über Dividende durch Hauptversammlung

Einkommensteuergesetz (EStG):

§ 4 Abs. 1	Betriebsvermögensvergleich
§ 4 Abs. 3	Einnahmen-Überschussrechnung
§ 4 Abs. 4	Definition von Betriebsausgaben
§ 6 Abs. 1 Nr. 2a	Lifo-Methode
§ 6 Abs. 1 Nr. 2	Zuschreibung
§ 7	Absetzung für Abnutzung (AfA)
§ 7 Abs. 1	lineare AfA
§ 7 Abs. 1, Satz 2	AfA nach Leistungseinheit
§ 7 Abs. 2	degressive AfA
§ 7 Abs. 3	Wechsel von der degressiven zur linearen AfA
§ 7 Abs. 4	lineare Gebäude-AfA
§ 7 Abs. 5	degressive Gebäude-AfA
§ 7g	Investitionsabzugbetrag
§ 12 Nr. 3	Einkommensteuer/Solidaritätszuschlag
§ 43 Abs. 1 Nr. 1	Dividende/Kapitalertragsteuer
§ 43a	Dividende/Kapitalertragsteuer

Handelsrecht (HGB):

§ 238	Generalklausel der Bilanzierung
§ 240 Abs. 4	Durchschnittsbewertung für gleichartige Vermögensgegenstände des Vorratsvermögens
§ 242	Allgemeine Bewertungsgrundsätze
§ 247	Mindestgliederung der Bilanz
§ 249	Bildung von Rückstellungen
§ 252 Abs. 1 Nr. 6	Prinzip der Stetigkeit
§ 253 Abs. 3	strenges Niederstwertprinzip

§ 255 Abs. 1	Definition von Anschaffungskosten
§ 255 Abs. 2	Ermittlung der Herstellungskosten
§ 256	Verbrauchsfolgefiktionen
§ 256 Satz 1	Lifo-Methode
§ 266 Abs. 2	Gliederung der Bilanz (Aktiva)
§ 266 Abs. 3	Gliederung der Bilanz (Passiva)
§ 271 Abs. 1	Definition von Beteiligungen
§ 271 Abs. 1 Satz 3	Definition von Beteiligungen an Kapitalgesellschaften
§ 275 Abs. 2	Gesamtkostenverfahren

Steuerrecht:

R 6	Ermittlung der Herstellungskosten
R 6 Abs. 2	Ansatz eines durchschnittlichen Unternehmergewinns
R 6 Abs. 3	Durchschnittmethoden
R 6 Abs. 4	Gruppenbewertung
R 6 Abs. 5	Festbewertung
R 6a Abs. 1	Lifo-Methode
R 36a	Lifo-Methode/Bewertungsverfahren
R 223 Abs. 5 UStR	Umsatzsteuerberichtigung bei Insolvenzverfahren
§ 60 Abs. 2 EStDV	Außerbilanzielle Hinzurechnungen bei Abweichungen zwischen Handels- und Steuerbilanz

Abkürzungsverzeichnis

AfA	Absetzung für Abnutzung
AfaA	Außerplanmäßige Abschreibung
AK	Anschaffungskosten
AktG	Aktiengesetz
ANK	Anschaffungsnebenkosten
AO	Abgabenordnung
BGA	Betriebs- und Geschäftsausstattung
EK	Eigenkapital
EStDV	Einkommensteuer-Durchführungsverordnung
EStG	Einkommensteuergesetz
EStR	Einkommensteuerrichtlinien
FL	Fertigungslöhne
FM	Fertigungsmaterial
GoB	Grundsätze ordnungsgemäßer Buchführung
GuV	Gewinn- und Verlustrechnung
GWG	Geringwertige Wirtschaftsgüter
HGB	Handelsgesetzbuch
HK	Herstellungskosten
IKR	Industriekontenrahmen
KapESt.	Kapitalerstragsteuer
LFZG	Lohnfortzahlungsgesetz
MGK	Materialgemeinkosten
MK	Materialkosten
PWB	Pauschalwertberichtigung
RAP	Rechnungsabgrenzungsposten
R-H-B	Roh-, Hilfs- und Betriebsstoffe
SEKF	Sondereinzelkosten der Fertigung
SolZ	Solidaritätszuschlag
Sopo	Sonderposten mit Rücklagenanteil
UStG	Umsatzsteuergesetz
UStR	Umsatzsteuerrichtlinien
VtGK	Vertriebsgemeinkosten
VwGK	Verwaltungsgemeinkosten
vwL	Vermögenswirksame Leistungen

Stichwortverzeichnis

Über die Autorin

Rosemarie Schneidewind studierte an der FHW in Berlin Betriebswirtschaft mit dem Abschluss als Diplom-Betriebswirtin. Seit 1985 ist sie als freiberufliche Unternehmensberaterin und Dozentin in der Erwachsenenbildung bei verschiedenen Trägern tätig, seit 1987 u.a. für das Forum Berufsbildung. Sie unterrichtet die Fächer Buchführung, Steuern und Kostenrechnung. Ihr Lieblingsarbeitsfeld ist das Unterrichten für die Bilanzbuchhalterausbildung, wo sie Bilanzierung und Jahresabschluss lehrt.

Darüber hinaus hat die Autorin mehrfach veröffentlicht, u.a. hat sie verschiedene Lehrbriefe für das Forum Berufsbildung und ein Lehrbuch zu Bilanzierung und Jahresabschluss verfasst.

Sie gehört ferner dem Prüfungsausschuss für Bilanzbuchhalter der IHK zu Berlin an und führt diesen Ausschuss seit 1992 als Vorsitzende. 2001 wurde sie in den Prüfungsausschuss für die Prüfung der Internationalen Bilanzbuchhalter berufen.

Herausgeber

Der Weg in ein neues Berufsleben beginnt seit 1985 für Tausende von Teilnehmern bei FORUM Berufsbildung e.V. In Umschulungen, Fortbildungen, Ausbildungen und Fernlehrgängen lernen Menschen aller Altersgruppen praxisnahes Wissen.

Lehrgänge und Praktika finden in enger Kooperation mit Betrieben in folgenden Branchen statt:
- Betriebswirtschaft
- Bürowirtschaft/EDV
- Einzelhandel
- Existenzgründung
- Fitness/Gesundheit
- Immobilienwirtschaft
- Naturkost/Gesundheit/Ernährung
- Soziales/Non-Profit
- Tourismus/Hotel
- Veranstaltungen/Medien

Eine intensive, individuelle Beratung durch erfahrene Branchenexperten steht am Anfang der Weiterbildung. Mit modernen, abwechslungsreichen Lehrmethoden und vielfältigem Mediensatz schaffen die Dozenten ein interessantes und sympathisches Lernklima. Die Unterrichtsqualität wird regelmäßig von den Teilnehmern bewertet.

Die Lage des Hauses am Checkpoint Charlie im Herzen von Berlin, helle und freundliche Räume sowie engagierte Mitarbeiter sorgen zusammen mit über 1.000 Teilnehmern für ein lebendiges Lernumfeld.

Die Teilnehmer werden nicht nur in fachlicher Hinsicht gefördert, auch die individuelle soziale Kompetenz wird gestärkt: Service-Angebote wie Bewerbungscoaching, Rechtsberatung, Unterstützung bei der Internetrecherche ermöglichen diesen Prozess.

Die Lehrgänge schließen mit einer Prüfung vor der Industrie- und Handelskammer (IHK) Berlin bzw. mit einem FORUM- Zertifikat ab. Die durchschnittliche Erfolgsquote bei den Prüfungen liegt bei über 90%. Im Durchschnitt finden über 70% der Absolvent/innen nach Abschluss des Lehrganges einen Arbeitsplatz: Der berufliche Erfolg folgt.